U0180064

"十四五"时期国家重点出版物出版专项规划项目

中国城乡可持续建设文库

丛书主编　孟建民　李保峰

Research on the Protection System of
Chinese Traditional Architectural Craftsmanship

中国传统营造技艺 保护体系构建研究

王颢霖　著

华中科技大学出版社
http://press.hust.edu.cn
中国·武汉

图书在版编目（CIP）数据

中国传统营造技艺保护体系构建研究 / 王颢霖著. — 武汉:华中科技大学出版社, 2023.10
（中国城乡可持续建设文库）
ISBN 978-7-5680-9585-3

Ⅰ.①中… Ⅱ.①王… Ⅲ.①古建筑－建筑艺术－研究－中国 Ⅳ.①TU-092.2

中国国家版本馆CIP数据核字（2023）第185716号

中国传统营造技艺保护体系构建研究　　　　　　　　　　　　　　王颢霖　著
Zhongguo Chuantong Yingzao Jiyi Baohu Tixi Goujian Yanjiu

出版发行: 华中科技大学出版社（中国·武汉）	电话: （027）81321913	
地　　址: 武汉市东湖新技术开发区华工科技园	邮编: 430223	

策划编辑: 张淑梅	封面设计: 王　娜
责任编辑: 张淑梅	责任监印: 朱　玢

印　　刷: 湖北金港彩印有限公司
开　　本: 710 mm×1000 mm　1/16
印　　张: 13.5
字　　数: 225千字
版　　次: 2023年10月第1版　第1次印刷
定　　价: 88.00元

内容简介

中国传统营造技艺作为非物质文化遗产的组成是我国乃至全人类文化多样性的重要载体。我国的非物质文化遗产保护至今已走过了 20 多年的历程，开展了形式广泛、内容丰富的保护工作，形成诸多成果。本书聚焦于当下传统营造技艺保护的实际情况，主要论述我国传统营造技艺的保护制度、评估体系、本体保护与传承保护几个方面，对传统营造技艺保护体系的构建进行基础性的研究。从中国传统营造技艺系统性保护的角度出发，对保护体系构建中存在的问题进行具体探讨。

本书建立在对中国传统营造技艺保护实践、保护研究考察分析的基础上，以问题为导向推进各项研究工作，力求形成整体性的研究构架。引言部分首先明确我国传统营造技艺保护体系研究的背景和意义，梳理我国当下对传统营造技艺保护体系研究的具体情况，并对研究方法与重点研究问题进行说明。

第一章是本书的研究基础，从我国传统营造技艺保护的缘起与发展历程切入，在阐释非物质文化遗产视野下传统营造技艺概念的基础上，分四个阶段梳理我国传统营造技艺保护的发展历程，厘清保护思想的发展脉络，为其后对传统营造技艺保护体系的具体问题研究打下基础。

第二章针对当下我国传统营造技艺的保护制度进行论述，从行政管理体系、法律法规体系以及保护制度体系三个方面分别进行现状与问题的分析，并尝试寻求解决问题的方法。

第三章尝试对我国传统营造技艺项目评估体系进行研究，从项目本体评估与项目代表性传承人评估两方面展开，为评估工作进行方法论层面的搭建。

第四、五章分别针对传统营造技艺本体保护与传承保护进行论述，结合实际保护案例，从多方面探讨传统营造技艺的保护方式。

结语部分进行总结收束，并对我国传统营造技艺保护的未来进行展望。

序

在 2009 年 9 月 28 日开幕的联合国教科文组织保护非物质文化遗产政府间委员会第四次会议上，我国申报的"中国传统木结构营造技艺"被列入了"人类非物质文化遗产代表作名录"，表明了中国传统建筑营造技艺已经不仅仅是中国独有的文化遗产，还是全人类共同的文化财富，为全世界人民所共享，具有普遍的价值。中国营造技艺体系延续了七千余年，遍及中国全境，形成多种流派，并传播到日本、韩国等东亚其他国家，代表了东方古代建筑技术的精华。2010 年韩国继中国之后成功申报了"大木匠与建筑艺术"，2020 年日本申报了"与日本木构建筑的保护和传承有关的传统技艺、技术和知识"，显示了这项文化遗产的重要性和世界意义。中国传统木结构营造技艺的申报成功，促进了我们对传统营造技艺遗产及与之相关的文化事项的重新审视，也提示我们要将营造技艺放在人类文明与文化传承的大视野中进行再审视、再思考，正确认识、保护、传承中国传统木结构营造技艺，是我们义不容辞的义务与责任。近年来，随着非物质文化遗产保护工作的开展和建筑历史研究领域的不断深入与扩展，有关传统营造技艺的保护和研究已经成为当下文化遗产保护和建筑历史研究的重要领域。人们认识到，营造技艺不只是修缮文物建筑的手段，也是文化遗产本身，是文化遗产的重要组成部分，因此需要从新的视角对营造技艺进行全面研究。

营造技艺与历史建筑是文化遗产的两种不同形态，即非物质文化遗产与物质文化遗产，它们之间往往相互融合，互为表里。物质文化遗产视野侧重建筑实体的形态、体量、材料；而非物质文化遗产视野则侧重营造技艺和相关文化，它们相互联系、互为印证。通过建筑实体可以探究营造技艺，尤其对于只剩物质遗存而技艺消亡的对象；反之，也可通过技艺来研究建筑和构筑物。中国古代木结构建筑经过长期实践的千锤百炼而凝聚成固定的程式，可以说世界上还没有任何一个建筑体系像中国古代木构建筑体系这样具有高度成熟的标准化、程式化特征。建筑的布局、结构、构造、技艺等都有内在的准则和规范。这套体系涉及院落组合方式、建筑之间的对应与呼应关系、建筑的体量与尺度、建筑的比例与尺寸关系、建筑的结构与构造方式、营造的程序与方法，建筑装饰的使用及题材等。这些准则和规范，在官方控制的范围内成为工程监督和验收的标准，在地方成为民间共同信奉和遵守的规定，所有这些都构成营造技艺的重要内容。

　　非物质文化遗产是活态的遗产，这反映了非物质文化遗产的重要特质，即强调文化遗产在历史进程中一直延续，未曾间断，且现在仍处于传承之中。非物质文化遗产的载体是传承人，人在艺在，人亡艺绝，故而非物质文化遗产是鲜活的、动态的遗产；相对而言，物质文化遗产则是静止的、沉默的。然而二者之间也仍然存在着非常密切的联系，如一件建筑作品不但是活的技艺的结晶，而且其存续过程中大多经历不断的维护修缮，打上了不同年代、时期的技艺的烙印；它同时又是一件文化容器，与生活于斯的人每时每刻相互作用，实现和完成其中的活态生活，是活态生活不可或缺的文化空间。从建筑技艺构成来看，营造技艺具有典型的集体传承性质，技艺的主要传承人是不同工种的工匠，不同的工种与不同的工序共同组成了营造技艺的整体，保护技艺不仅要保护各个单项技艺的特殊价值，还应该特别注意保护整体内部的组织关系和运营方式。中国匠师在长期的营造过程中积累了丰富的技术经验，在材料选用、结构方式、模数尺寸、构件加工、节点及细部处理、施工安装等方面都有独特与系统的方法，它们还伴有相关禁忌和文化仪式，这些都需要我们进行深入的研究。

　　近年来，营造技艺作为传统技艺项目，已有近40项被列为国家级非遗项目，传统营造技艺和代表性传承人作为非物质文化遗产的载体和保护对象已经成为学术界的研究热点和社会各界关注的焦点。伴随保护工作的持续深化，对保护意义与价值内涵也进行更深层次的追寻，保护实践中出现的问题与矛盾得到更充分的关注，保护工作进入分类细化和精准保护的新阶段。由于传统营造技艺在我国分布广泛，种类、流派众多，需要面对不同层面不同需求的保护现实。由于多样的技艺类型与丰富的价值内涵决定了中国传统营造技艺保护有其自身的独特性，需要具有针对性且符合技艺自身传承发展状况的保护策略的研究。由于当下有关传统营造技艺及其传承保护实践急需具有针对性的理论指导，需要对传统营造技艺的价值、传承规律、保护原则及途径等进行全面系统的研究。王颢霖博士的这本《中国传统营造技艺保护体系构建研究》聚焦当下传统营造技艺保护的实际情况，将研究集中在管理制度、法规建设、评估体系、本体保护与传承保护几个方面，从中国传统营造技艺系统性保护的角度出发，对保护体系构建中存在的问题进行广泛而具体的探讨，在现有管理机制与法规、制度体系下，试图完善方法和规则，寻求更优的保护与传承方式，通过系统化的保护策略的研究，保障营造技艺的生命力与可持续发展，其探索精神和学术努力都是难能可贵的。

考察我国文化遗产保护的行进历程与非物质文化遗产保护的开展情况发现，其主要的发展脉络是从关注"物"到关注"人"再到关注"物"与"人"之间的关系，是从以物质为核心的保护迈向融合了对人、对价值的探索与保护，也是我国遗产保护领域从"文物"到"文化遗产"保护概念转变的进程。今天我们探讨中国传统营造技艺的保护与发展，也似回转至我国建筑遗产保护工作开启的初衷。以中国营造学社为主的第一批建筑学者在 20 世纪初期已意识到传统营造活动中工匠与技艺传承的重要性，知识分子对传统建筑营造技艺的介入改变了传统技艺和工匠群体不受知识话语重视的状况，以"沟通儒匠""一洗道器之分"的方法与精神，从非物质文化遗产角度对中国传统营造技艺进行的探索与研究，开拓了建筑史学特别是营造学研究的新视野，通过对营造匠人、匠艺及相关营造活动的考察，突破了传统的文献与实物结合的史学研究局限。对传统营造技艺的保护研究融合了对营造方式、营造参与者、营造制度及与之相关的社会、文化、精神等多方面的考察，有助于从宏观的文化叙事中把握中国建筑历史发展的规律，同时丰富全人类的建筑思想及实践成果。

对传统营造技艺保护的研究最终促成对物质与非物质文化遗产的整体保护，而不是以往对立或分离"物质"与"非物质"的研究。当下的建筑遗产保护已不单纯只强调物质层面的保护，而是进入学科交叉、哲学思辨、社会伦理等多重价值叠合的新模式。因此，王颢霖博士的这部关于传统营造技艺保护体系构建研究的著作也应该被放到这一学术与保护实践背景中去理解和定位，以发现其学术价值与保护工作的实践意义。

刘托

2023年8月18日

目　录

引　言　　　　　　　　　　　　　　　　　　　　　　　　　**001**

1　中国传统营造技艺保护的缘起与发展历程　　　　　　　　**015**

　　1.1　非物质文化遗产视野下的传统营造技艺　　　　　　016

　　1.2　中国传统营造技艺保护的发展历程　　　　　　　　026

　　1.3　本章小结　　　　　　　　　　　　　　　　　　　049

2　中国传统营造技艺的保护制度研究　　　　　　　　　　　**053**

　　2.1　行政管理体系　　　　　　　　　　　　　　　　　056

　　2.2　法律法规体系　　　　　　　　　　　　　　　　　061

　　2.3　保护制度体系　　　　　　　　　　　　　　　　　068

　　2.4　本章小结　　　　　　　　　　　　　　　　　　　080

3　中国传统营造技艺项目评估体系研究　　　　　　　　　　**083**

　　3.1　传统营造技艺项目评估体系的相关阐释　　　　　　085

　　3.2　传统营造技艺项目评估体系的构成框架　　　　　　088

　　3.3　传统营造技艺项目本体评估　　　　　　　　　　　093

　　3.4　传统营造技艺项目代表性传承人评估　　　　　　　104

　　3.5　本章小结　　　　　　　　　　　　　　　　　　　107

4 中国传统营造技艺本体保护的研究   **109**

    4.1   传统营造技艺保护的行为主体   110

    4.2   传统营造技艺本体保护的内容与原则   114

    4.3   传统营造技艺的保护方式   119

    4.4   本章小结   142

5 中国传统营造技艺传承保护的研究   **145**

    5.1   传统营造技艺传承人的保护   146

    5.2   传统营造技艺传承途径的保护   152

    5.3   传统营造技艺传承机制的保护   159

    5.4   本章小结   160

结 语   中国传统营造技艺保护的当下与未来   **163**

参考文献   **169**

附   录

    附录 A 营造技艺相关的国家级非物质文化遗产代表性项目名录（传统技艺类）   174

    附录 B 营造技艺相关的国家级非物质文化遗产代表性项目名录（传统美术类）   179

    附录 C 营造技艺相关 国家级非物质文化遗产代表性项目简介（传统技艺类）   182

    附录 D 营造技艺相关的国家级非物质文化遗产代表性项目简介（传统美术类）   193

    附录 E 非物质文化遗产政策法规与相关文件（国家）   200

    附录 F 非物质文化遗产政策法规与相关文件（部级）   201

引　言

一、研究背景

我国的非物质文化遗产保护已走过20多年的历程 [1]，我国加入联合国教科文组织《保护非物质文化遗产公约》也已有多年。非遗保护的概念在我国生根发芽，成为整体文化遗产保护理念中的重要部分。我国积累了广泛而丰富的经验。伴随非遗法律法规、管理机制及保护制度建设的逐步完善和保护理念与实践的不断更新与深化，对非遗保护的意义与价值内涵的探索进入更深层次，保护实践中出现的问题与矛盾得到了更充分的关注，非遗保护工作进入了分类细化和精准保护的新阶段。在新的时代背景下，非物质文化遗产保护需要更加系统科学、切实有效的整体保护策略。

中国传统营造技艺作为非物质文化遗产的组成，其保护同样经历了从概念到理论，从理论到实践的发展过程。首先，传统营造技艺根植于我国特殊的人文与地理环境，反映了中国传统建筑营造合一、道器合一、工艺合一的理念，携带着传统社会观念、文化思想、审美艺术、建造技术等多方面的价值（刘托，2012）。其次，传统营造技艺在我国分布广泛，种类、流派众多，需要面对多民族、多地区不同层面不同需求的保护现实。多样的技艺类型与丰富的价值内涵决定了中国传统营造技艺保护有其自身的独特性，需要具有针对性且符合技艺自身传承发展状况的保护策略。当下传统营造技艺保护实践中存在的问题，如管理机制建设不够完善、保护主体模糊、保护实践缺乏系统规划、保护理念相对滞后、保护方法与传承方式仍须加强引导等，造成了我国传统营造技艺保护发展中的不平衡与不充分。

国家在"十四五"规划和2035年远景目标纲要中明确提出要"强化重要文化和自然遗产、非物质文化遗产系统性保护"。面对新形势下传统营造技艺保护研究的认识与定位，如何有效应对现有管理机制中存在的问题，促进管理方式与保护法规制度的健全；如何准确认识技艺项目的价值与现状，把握与提升代表性传承人的传承能力；如何形成操作性强、具有指导意义的保护方法；如何从确认、立档、研究、保存、保护、宣传、弘扬、传承和振兴各个方面，形成全方位多层次的本体保护与

---

[1] 以2001年昆曲入选"人类口头和非物质遗产代表作名录"为时间节点。

传承保护途径，确保中国传统营造技艺的生命力与可持续发展，都需要进行科学、整体的传统营造技艺保护体系研究。

二、研究意义

1. 传统营造技艺自身发展的必然要求

首先，中国传统营造技艺保护体系的研究是传统营造技艺自身发展的必然要求。中国传统建筑营造技艺的传承人和从业者以民间工匠为主。封建社会中，工匠多隶属于统治阶级或民办的作坊，社会地位较低，技艺的传承主要通过家族或师徒口传心授，代代相承。20 世纪以来，生活方式的演变和现代建造模式的发展使传统营造行业受到现代建筑（材料、结构）的冲击，改变了技艺传承的原动力，实践机会相对缺乏，从业人员急剧减少，一些技艺逐渐濒危甚至失传。然而，传统营造技艺在当下仍有其社会需要和生存空间，如作为保障各类型建筑遗产修缮真实性的必要条件，为传统建筑保护、仿古建筑建造提供技术支持等。鉴于此，需要对各类型的传统营造技艺进行全面、深入、系统化的记录和研究。

其次，在非物质文化遗产保护的大背景下，传统营造技艺自身的保护发展也进入了新的层次、面向新的任务。对传统营造技艺的保护并非单纯意义上的收集过去的东西，也不仅仅是记录与留存，而是需要不断创造来保障传统营造技艺的生命力和可持续发展。因而对传统营造技艺的保护不仅要面向各个单项技艺的保护，还应进入宏观的整体化、系统化的保护层面，通过对保护体系的研究寻求具有针对性的保护策略，这也是传统营造技艺发展至现阶段的必然要求。

2. 建筑遗产 [1] 保护工作的重要内容

我国传统营造活动的复杂与多元使传统营造技艺既成为建筑遗产历史信息的活态留存，又是建筑遗产文化、艺术、科学价值的印证。此外，传统营造技艺作为保障建筑遗产保护修缮原真性的必要条件，也是建筑遗产可持续保护的重要内核。建

---

[1] 对于"建筑遗产"和"文物建筑"两个概念的使用，随着保护认识的加深和保护对象的扩大，"建筑遗产"的名称更为准确也更具覆盖性，但目前我国法规政策和保护制度中仍以"文物建筑"为通行用法，因此本书行文中在涉及还未普及"建筑遗产"概念的历史阶段时，为还原历史语境，采用"文物建筑"一词。

筑遗产作为承载传统营造技艺的物质实体,其文化内涵也携带着来自传统营造技艺的非物质文化基因。物质文化遗产视野侧重对建筑遗产形态、材料、结构等内容的研究,而非物质文化遗产视野则关注技艺本体、技艺传承发展、运用以及相关的文化,二者相互融合、互为表里,是一种"内在相互依存"的关系。以建筑本体可以探究营造技艺,尤其对于只剩物质遗存而技艺消亡的情况,反之也可通过营造技艺来研究建筑本体,营造技艺成为建筑遗产保护的基础与技术支持者。

长期以来,我国对传统建筑的保护主要是通过确定各级文物保护单位的形式,且保护工作多针对建筑物本体的物质和静态层面。遗产保护实践的深入促使我们开始"寻找文化遗产的非物质性表现形式,为保护包括物质性遗产在内的文化遗产提供指导"[联合国教科文组织《会安草案——亚洲最佳保护范例》(以下简称《会安草案》),2005]。传统营造技艺及其代表性传承人被列入保护范围,对建筑遗产的整体保护和修复实践具有重要意义。面对当前建筑遗产保护实践中出现的传统工艺流失、专业人员不足、营造材料不过关等问题,我们需要在传统营造技艺保护体系的研究中进行探讨,寻求技艺本体保护与传承保护的有效途径和方式,从而对建筑遗产保护实践形成有力的保障。

我国传统营造中融合了诸多关于自然和宇宙的知识与实践,因此建筑物"也可以作为有关传统知识和手工技能的书本来读",对建筑遗产的理解应该包括传统营造技艺的内容,而不仅仅是集中在建筑实体上。对于有形与无形价值的共同理解才能构建全面的建筑遗产价值认知,对物质与非物质层面的共同保护才能形成全面完整的保护。因而对传统营造技艺保护体系的研究也可被视为建筑遗产保护的新层次,是对当下处于分离状态的物质与非物质文化遗产的整合,是文化遗产保护的认知和理念随着保护工作不断深化后形成的更加整体、宏观的视野。

新时代、新阶段的建筑遗产保护已不单纯是只强调物质层面的保护,而是进入了交叉研究、思辨、保护伦理等多重价值意义合力作用的新模式。对传统营造技艺保护体系研究的过程,也是试图解答如何将传统营造技艺合理有效地应用于建筑遗产保护工作中,如何使二者的研究成果互相促进、共同发展,作用于文化遗产保护事业这道双向命题的过程。对整体性的传统营造技艺保护体系的研究有助于平衡当下遗产保护实践中出现的矛盾与冲突,也利于形成良好的保护循环,为形成符合我国实际情况的遗产保护模式提供理论支持。

3. 非物质文化遗产保护的重要组成

非物质文化遗产是国家、民族乃至全人类共有的财富，是文化生态中人类文明多元化的见证。对非物质文化遗产的保护，也是实现人类社会可持续发展的动力之一。传统营造技艺是我国优秀传统文化的重要组成，凝结着我国各族人民的精神特质与追求。中国传统营造以其对历史文脉的延续形成符号化的联结与标识，有助于增强我国人民的民族认同感。

在已经公布的五批国家级非物质文化遗产代表性项目名录中，传统营造技艺项目共计38项（69个子项），包含多地区、多民族的传统建筑营造方式，另有14项（36个子项）与传统建筑营造相关的雕刻、造像、绘画等传统美术类项目，此外还有数量众多的列入各省（直辖市、自治区）、市（自治州、地区）、县级的传统营造技艺项目。[1] 我国的非物质文化遗产保护经过20多年的发展，形成当下具有一定体系、规模，稳步向前的局面。我们可以看到，保护的诸多活动如传统工艺振兴计划的实施，传承人研修研习培训计划的推进，传统工艺工作站的设立，国家级文化生态保护区的建立，都有传统营造技艺项目的参与。

取得诸多保护成果的同时我们也注意到，我国的非物质文化遗产保护仍处于发展的初级阶段，传统营造技艺的保护工作也存在许多亟待完善的方面，需要长期、持续的努力。长久以来我们对非物质文化遗产概念下的传统营造技艺和传承人的保护相对薄弱，保护工作的深入需要更加完善的管理机制、法律法规制度、评估体系的建设，需要对保护与传承途径进行充分探讨，保护工作任重而道远。

整体来看，作为非物质文化遗产保护工作的组成，对传统营造技艺保护体系的研究既是整体非遗保护工作不可缺少的部分，更是其走向分类保护、精准保护的必然要求。传统营造技艺是非物质文化遗产中颇具代表性、典型性的类型之一，对传

---

[1] 第五批国家级非物质文化遗产代表性项目名录已于2021年1月结束公示，五批"国家级非物质文化遗产代表性项目名录"中传统营造技艺项目及相关传统美术类项目详细信息（编号、公布时间、类型、申报地区或单位、保护单位）列表见附录A、附录B，项目主要内容、主要作品及传承人列表见附录C、附录D。第五批国家级非物质文化遗产代表性项目中新增传统营造技艺项目5项，扩展项目2项；与传统营造技艺相关的传统美术项目扩展7项。

统营造技艺保护体系的研究工作具有综合性、丰富性等特征，能够为其他传统技艺项目的研究和保护实践提供参考，对其他类非物质文化遗产项目保护也具有普遍性的积极意义。

4. 建筑史学研究的充实与深化

中国建筑史学在近百年的行进中不断充实发展，铺展出广博的研究背景，形成了完整的学科体系。取得丰厚成果的同时我们也要回应时代所提出的新要求，回应近一个世纪中国建筑史学构建中所提出的问题，以及传统建筑发展背后的理论思想和技术更替。如清华大学王贵祥先生在讨论中国建筑史的研究状态时谈道："建筑现象从来就不是一个纯粹的物质现象……我们目前的研究更着眼于局部的个别的现象，就一个问题作深入细致的探讨推证……就我们目前的状况来说，对于建筑历史现象作整体式的文化剖析的工作还远远没有展开"（2002）。

从现代意义上的建筑史学研究来看，对中国传统营造的研究可以追溯至20世纪20年代以中国营造学社成员为主要力量开展的一系列保护工作。在其后很长一段时间内以西方建筑研究体系和方法为参照的中国建筑史学研究，对传统营造的研究整体较为薄弱。"传统营造技艺"以非物质文化遗产的概念回到建筑学人及公众的视野中，是此间数十年建筑学不断发展、人们对建筑遗产价值和真实性认知逐渐深刻、文化遗产保护实践持续深入等诸多因素共同作用的结果，"营造"一词，有丰富的内涵，其回归对于建筑史学的研究与发展具有节点意义。

我国传统建筑是通过工匠互相配合的营造过程实现内在精神的体系。20世纪80年代，著名建筑史学家莫宗江先生谈道："中国的建筑史，是由世世代代的匠人们陆续写成的。建筑作为一种技艺，只在匠人中流传。天灾兵乱以及家庭的不幸，都会使世代匠人所积累的技艺失传。我们的建筑史，如果都按朝代更替来写，似乎没有太多的道理"。传统营造技艺的研究正是通过对系于匠人身上的历史和记忆进行追寻，进而对技艺发展的脉络和营造活动形成更加完整的认识。

以非物质文化遗产概念切入的传统营造技艺保护，融合了对营造方式、营造参与者、营造制度及与之相关的社会、文化、精神等多方面的考察，有助于从宏观的文化叙事中把握建筑历史发展的规律，揭示我国传统建筑的思想及内涵，能够与针对建筑本体的建筑史研究构成一体两面的研究成果，在当下逐渐深入的互动中，共同作用于学科的丰富发展，对建立更深层、更完整意义上的中国建筑史学有其重要的价值。

三、研究现状综述

对中国传统营造技艺的研究，是随着学界对文化遗产保护、非物质文化遗产保护、建筑遗产与建筑史学研究的深入而逐渐推进的，可以概括性地划分为两大类型。

①第一类是以各类型、流派的传统营造技艺为对象的研究，或以非物质文化遗产视角切入，或在建筑史及建筑遗产保护范畴内探讨。

多以学校及研究机构牵头展开，聚点成面形成系统性的成果，作为传统营造技艺保护研究中重要的基础性工作。2004年我国加入联合国教科文组织《保护非物质文化遗产公约》，随后我国公布的第一批国家级非物质文化遗产代表性项目名录中（2006年），就包含香山帮传统建筑营造技艺、客家土楼营造技艺、景德镇传统瓷窑作坊营造技艺、侗族木构建筑营造技艺、苗寨吊脚楼营造技艺和苏州御窑金砖制作技艺6个传统营造技艺类项目。2009年，"中国传统木结构营造技艺"（Chinese Traditional Architectural Craftsman-ship for Timber-framed Structures）被列入"人类非物质文化遗产代表作名录"，成为非物质文化遗产概念下传统营造技艺保护研究的重要节点。

中国艺术研究院建筑艺术研究所作为申报单位，在探寻传统营造技艺概念、源流的基础上，着力于各级非物质文化遗产代表性项目名录中的传统营造技艺研究，形成了丰硕的研究成果。由建筑艺术研究所刘托研究员主编的"中国传统建筑营造技艺丛书"[1]于2013年由安徽科学技术出版社出版，分类型、分地区选取了十个具有代表性的传统营造技艺项目，对其历史源流、形制思想、工具材料、技艺流程、仪式民俗及传承人、传承方式等内容进行了系统的诠释。

对各类型传统营造技艺的研究也呈现出一定的地域性，如东南大学朱光亚教授及团队完成的教育部博士点基金项目"南方发达地区传统建筑工艺抢救性研究"（2005

---

[1] 丛书十本分别是《北京四合院传统营造技艺》《徽派民居传统营造技艺》《蒙古包营造技艺》《苗族吊脚楼传统营造技艺》《闽南民居传统营造技艺》《闽浙地区贯木拱廊桥营造技艺》《清代官式建筑营造技艺》《苏州香山帮建筑营造技艺》《窑洞地坑院营造技艺》《婺州民居传统营造技艺》。

年），国家自然科学基金项目"东南地区若干濒危和失传的传统建筑工艺研究"（2007年），江苏省科技厅资助项目"传统建筑工艺抢救性研究"等；在田野调查的基础上，针对福建、浙江、江苏、安徽等南方地区各类建筑的营造技术、工艺做法进行抢救性的记录和研究，成果丰硕。2012年，浙江省古建筑设计研究院联合东南大学、中国美术学院、浙江大学等高校，承担了"十二五"国家科技支撑计划课题"古代建筑营造传统工艺科学化研究"，课题立足江浙地区传统木构建筑，通过文献分析、调研、访谈等多种方式记录传统营造技艺，重点关注构架设计和营造工序等关键技术问题，对香山帮、东阳帮的核心技艺进行科学化分析和总结，探索中国传统营造技艺的科学传承和应用。华南理工大学程建军教授、肖旻、李哲扬等学者及其指导的研究生对岭南地区传统建筑谱系、营造技术、材料工艺、法式尺度等问题进行了一系列深入探究，如郑红博士对潮州木构彩画的研究，吴琳等对贵州少数民族传统建筑营造技艺的研究，多以口述史结合人类学的方法介入，关注传统营造中的角色活动和背后的地域文化。华侨大学陈志宏教授、成丽副教授等及其指导的研究生对闽南地区传统建筑营造开展多方面研究。

北方地区有北京建筑大学马全宝副教授主持的国家自然科学基金青年科学基金项目"基于非物质文化遗产保护的江南木构建筑营造技艺构成与类型研究"，北京交通大学薛林平副教授及其指导的研究生对山西传统民居营造技艺及北京郊区传统营造的研究、潘曦副教授对晋东乡土建筑营造及滇西北民族建筑营造技艺的研究。山东建筑大学建筑文化遗产保护研究所在2015年启动的"山东地域民间传统营造技艺研究"课题，针对鲁中、鲁西北、鲁西南地区和胶东半岛的传统建筑营造技艺进行了深入研究。此类研究多立足地域性的传统建筑营造技艺类型，注重传统工艺、技术的总结与记录，极大拓展了传统营造技艺研究的广度和深度，成果丰硕，在此不再一一列举。

除了对技艺本体的综合研究外，以传统营造技艺的构成内容为专项的研究也多有开展，如针对营造材料、工具、匠作体系以及以史学史方式进行的营造类文献的研究。例如太原理工大学立足山西地区，从技术角度切入，对传统营造中的砖瓦、石、土等材料应用开展研究；东南大学杨俊博士对我国传统建筑中草、竹、木等植物材料的运用范围、方式和原则进行深入探讨；同济大学李浈教授通过梳理考古与文献资料，从多个角度对我国传统木作加工工具的发展进行了考证，对工具的使用情况及与相应的建筑技术的相互关系进行了探讨。

集中于对传统营造技艺相关文献的研究如天津大学建筑历史与理论研究所王其亨教授团队完成的国家自然科学基金项目"清代建筑世家样式雷及其建筑图档综合研究"，系统回顾梳理了清代样式雷世家及其建筑图档的研究历程；国家社会科学基金重大项目"中国古代建筑营造文献整理及数据库建设"，通过对我国传统营造技艺文献的系统整理和研究，对传统营造活动涉及的工官制度、营造思想与工艺技术等问题有了更加深刻的认识。

针对传统营造匠作体系的研究如同济大学李浈教授对南方地区传统营造谱系传承的持续研究，包括对匠歌匠诀的收集整理，以及引入传播学的理论方法对传统营造的源流变迁所作的研究。面对传统营造中"工艺失传"和"工匠队伍断层"的问题，从宏观角度审视传统营造的区划和谱系问题。其指导的研究生李鸿昌在其硕士论文中通过对当下传统匠人的生存环境、生存状态进行剖析，试图找出我国传统营造技艺失传、工匠流失的根源，并从政府、社会和工匠三个层面对传统建筑工艺遗产保护中的励匠机制进行探讨。

同济大学的丁艳丽博士也从文化传播学的角度切入，以更宏观的视角考察浙闽营造技艺的匠作流派、匠艺匠俗等问题，对匠作技艺流派的交流传播进行了深入探讨。再如上海大学的宾慧中副教授、华南理工大学的闫爱宾副教授对滇西北（剑川）传统营造匠作体系的研究，以及华南理工大学李树宜博士对台湾建筑彩绘匠作文化的研究。李树宜采用了人类学的相关研究方法，在梳理台湾传统彩绘匠派形成与流变的基础上，对台湾建筑彩绘的空间秩序、仪规与文化内涵进行了分析。

②第二类则是从非物质文化遗产的视角对传统营造技艺整体的保护、发展问题的研究。

中国艺术研究院刘托研究员在《中国传统建筑营造技艺的整体保护》一文中，从传统营造技艺保护的价值与意义切入，探讨了物质与非物质、静态与活态、有

---

[1]2018 年 3 月，国家组建文化和旅游部，不再保留文化部。

形与无形的关系，并对传统营造技艺保护的整体性、活态性与修缮性进行了深入解读。其主持的国家社会科学基金、文化部[1]文化艺术科学研究项目"中国传统营造技艺及其价值研究"（2015—2018年），从非遗保护的宏观视角切入，在梳理传统营造技艺发展历程、风格流派及构成的基础上，系统阐释了传统营造技艺的价值意义，并进一步探讨了技艺传承与保护的方式与途径。李浈教授主持的国家自然科学基金资助项目"传统建筑工艺遗产保护与传承的应用体系研究"（2008年），通过对建立建筑工艺遗产保护应用体系意义和必要性的分析，从保存记录、鉴别分析、技能评估、励匠机制几个方面，探讨了建立保护应用体系的方法和途径。重庆大学郭璇教授在《传统营造技艺保存的发展现状及未来策略》一文中按时期梳理了我国传统营造技艺保存研究的发展阶段，并对现有传统营造技艺进行了分类，结合国际和国内对于建筑遗产的保护理念，从保护观念、管理体制、传承方式及展示宣传四个方面提出了传统营造技艺保护策略（2012）。

总结以上对传统营造技艺研究的成果可以发现，目前学界对中国传统营造技艺的研究多立足于建筑遗产及建筑史的大背景下，集中于区域类、地方性传统建筑，偏向于营造技术的梳理和研究，对技艺本体的研究较为丰富。以非物质文化遗产保护视角切入的传统营造技艺保护研究仍有很大的空间，对于传统营造技艺价值意义与保护方式的探索较为单薄，缺乏系统和深入的整体保护研究。

四、研究内容与方法

本书以非物质文化遗产视野下的传统营造技艺保护为研究对象，面对当下我国传统营造技艺保护体系建设中存在的实际问题，通过对传统营造技艺保护相关理论、法规制度、管理方式与保护传承实践等内容的梳理，探讨与之相应的意见建议、技术措施与方法途径，试图通过保护体系的构建为传统营造技艺的保护实践提供些许理论支持。基于前文综述可知，目前国内尚无关于传统营造技艺保护体系的专门研究，本书将围绕以下几个方面展开。

以我国传统营造技艺保护的缘起与发展历程作为第一章，在阐释非物质文化遗产视野下传统营造技艺概念的基础上，分四个阶段梳理我国传统营造技艺保护的发展历程，厘清保护思想的发展脉络，为其后对传统营造技艺保护体系中具体问题的研究打下基础。对我国传统营造技艺保护发展历程的梳理，不仅是回望各阶段中传统营造技艺的研究工作和成果，也是将传统营造技艺保护放在动态的时间维度中去观察和理解，试图从宏观的视角去探视传统营造技艺保护思想、保护方式的变化，有助于在整体的历史背景中把握其发展规律以及与社会的互动方式。

第二章针对我国传统营造技艺保护制度的现状与问题进行阐述和分析。由于制度的完备是保护工作良性运转的基础，第二章分别从行政管理体系、法律法规体系及保护制度体系三个方面推进，立足当下三方面建设的实际情况，提出存在的问题并尝试寻求解决问题的方法。

第三章试图搭建传统营造技艺项目的评估体系，因为合理有效的评估工作是全面认识、把握保护工作方向、进程，精准选择保护方法的重要基础。第三章首先对目前已有的遗产评估相关研究与经验进行梳理，阐明搭建传统营造技艺项目评估体系的意义；其次围绕传统营造技艺评估体系的构成框架进行说明，明确评估的目标内容、主客体、方式原则、标准等基本问题。在此基础上从传统营造技艺项目本体与项目代表性传承人两部分进行专项评估的搭建，其中本体评估又分为价值评估和现状评估两个方面。通过对各专项的评估方式、指标与内容的明确和把握，形成综合性的分级保护模型与评估结果。

第四、五章进而分别针对传统营造技艺的本体保护与传承保护进行探讨。第四章首先对传统营造技艺保护的行为主体进行梳理，其次对技艺本体的保护内容与原则进行阐释，最后结合保护实践案例，从整体性保护、生产性保护、研究性保护、展示性保护与数字化保护五个方面探讨传统营造技艺本体保护的途径。第五章围绕传统营造技艺的传承保护进行论述，从传承人保护、传承途径保护与传承机制保护三方面分别展开，通过对目前传承保护现状的分析，探讨符合我国当下实际情况的传承保护途径。

结语部分进行总结收束，并对我国传统营造技艺保护的未来进行展望。

本书以文献研究为基本研究方法，在进行传统营造技艺相关概念的阐释与保护发展历程的梳理时，着重依赖对文献资料的收集、整理、分类与分析。在进行传统营造技艺保护制度的研究时，综合运用多学科的研究方法，一方面重点梳理当下非物质文化遗产与传统营造技艺具体的管理运作方式、法规政策与制度建设情况，另一方面参考现有的实际案例进行对比分析。对传统营造技艺项目本体的价值评估、现状评估以及代表性传承人的评估则采用定性定量的方法逐个分析、归纳，以求构建更具准确性和实操性的评估体系。传统营造技艺保护自身的活态性使人类学的研究方法成为必要方法。针对传统营造技艺保护与传承方式的探讨，多采用案例分析的方法，选取当下具有代表性的案例进行分析，总结其经验，提取符合我国现实情况且具有普遍意义的传统营造技艺保护与传承方式。借鉴今人思想理论成果，作为理论探析的基础，显示其启发意义，或将其以比较的形式出现，以显示理论探究的发展过程。

五、拟解决的问题

本书围绕传统营造技艺保护体系构建中的实际问题展开，试对以下几个方面进行重点研究。

①对传统营造技艺保护体系的研究离不开对传统营造技艺保护缘起的考察与发展脉络的梳理。本书通过对传统营造技艺概念的阐释，对研究与保护工作历时性的阶段归纳，侧面展示传统营造技艺保护历程中与建筑遗产保护、建筑史学研究的互动。对传统营造技艺保护历程的阐述，也是对从"文物保护"到"文化遗产保护"思想进程的梳理。

②完善的制度建设是传统营造技艺保护体系构建的重要保障。传统营造技艺具有自身的综合性与复杂性，故其保护制度的建设涉及文旅部门、住房和城乡建设部门等诸多相关行政管理机构。目前我国针对传统营造技艺的管理机制、法规政策及保护制度的建设还不够完善，本书试就当下传统营造技艺保护制度的实际情况及存在问题进行相应论述和合理性构想。

③对传统营造技艺项目本体及代表性传承人的评估是传统营造技艺保护实践重要的基础性工作，也是保护规划工作的依据与指南，以评估工作作为基础制定具有针对性的精准保护策略是传统营造技艺保护发展的必然要求。目前我国的传统营造技艺保护还未建立合理有效的评估体系，本书试对评估体系进行相应的框架构建、方法与内容的分析以及具体指标的设置，探讨具有实操性且符合传统营造技艺项目特点的本体评估与传承人评估体系。

④ "非物质文化遗产的活态流变性，决定了其包含的'文化记忆'更容易随时代迁延与变革而被人们忽略或忘却"（王文章，2006）。伴随非物质文化遗产保护与传统营造技艺保护工作的持续推进，保护实践所面对的问题不仅是"保护什么"，更需要解决"如何保护"的问题，不仅要"留得青山"，还需要使得"青山常在"的保护体系的研究与建设。面对保护实践中不断出现的新形势与新发展，传统营造技艺的保护也需要与时俱进。本书面对当下传统营造技艺保护的实际情况，以保护传统营造技艺项目生命力、增强其自身存续能力为出发点，以促进非物质文化遗产整体保护实效，增强民族文化自信、文化自觉为目标，探讨传统营造技艺本体保护与传承保护的有效途径。

1

中国传统营造技艺保护的
缘起与发展历程

"我们处在忘记过去的危险中，而且这样一种遗忘，

更别说忘却内容本身，意味着我们丧失了自身的一个向度，

一个在人类存在方面纵深的向度，因为记忆和纵深是同一的，

或者说，除非经由记忆之路，人不能抵达纵深。"

——《过去与未来之间》，［德］汉娜·阿伦特，1961年

1.1 非物质文化遗产视野下的传统营造技艺

1.1.1 非物质文化遗产保护概念的缘起

1. 国际背景下非遗保护概念的提出

非物质文化遗产承载着人类灿烂文明，是全人类共同的遗产。2003年10月，联合国教科文组织通过了《保护非物质文化遗产公约》，"从维护世界文化多样性和确保人类社会可持续发展的战略高度，强调了保护非物质文化遗产的重要性与可持续性"。

非物质文化遗产的概念从提出到最终确立历经多年，这一过程也是国际遗产保护界对文化遗产认识与保护实践持续深入的表现。"无形文化遗产"这一概念最早由日本在20世纪50年代提出，由"无形文化财"（むけいぶんざい）翻译而来，日本也是最早以法律形式对"无形文化财"实行保护的国家。联合国教科文组织总干事松浦晃一郎将日本经验向国际社会推广，可以说日本关于无形文化财的理念和相关措施极大地影响了国际社会对非物质文化遗产的保护，拓展了人类对文化遗产的认知。国际社会对非物质文化遗产保护概念的提出可追溯至1973年，玻利维亚常驻联合国代表团提交了《保护民俗国际文书议定案》，提议在《世界版权公约》中增加一项保护民俗的条款。虽然这项建议没有被采纳，但以此开启了非物质因素在文化遗产保护中的讨论。

1982年，联合国教科文组织成立了"保护民俗专家委员会"，并在其机构内部

设立"非物质遗产处"。1989 年 11 月，联合国教科文组织第 25 届全体大会上通过了《保护传统文化和民俗的建议》，其中提及需要进行保护的民间创作形式包括"语言、文学、音乐、舞蹈、游戏、神话、礼仪、习惯、手工艺品、建筑和其他艺术"，并将认定、保存、传播和保护传统文化的措施纳入其中，首次以国际法律文件的形式确认了对民俗文化的保护。联合国教科文组织借鉴日本、韩国的经验，于 1993 年启动建立"Living Human Treasures"（活的人类财富，又译为人间国宝或人类活财富）体系，对非物质文化遗产的传承人和传承活动进行保护。

1998 年，教科文组织通过《宣布"人类口头和非物质遗产代表作"条例》，并在 2001 年公布了第一批代表作名录，这可被视为《保护非物质文化遗产公约》出台前国际层面对非物质文化遗产保护的有效措施。而后在 2003 年 10 月 17 日，联合国教科文组织于第 23 届大会上通过了《保护非物质文化遗产公约》，开启了由联合国主导、世界各国广泛参与的非物质文化遗产保护的新篇章。

在 1972 年通过的《保护世界文化和自然遗产公约》中，对文化遗产的限定集中在"文物"（monuments）、"建筑群"（groups of buildings）和"遗址"（sites）三类形态上。随着《保护世界文化和自然遗产公约》出台、相关文件与相关组织的推动 [1]，遗产保护理论与实践得到迅速发展，保护类型逐渐丰富，人们意识到只依靠物质遗存"并不能保证延续一个民族的历史文明，传统文明的延续是由物质形式的文化遗产与非物质文化遗产共同承续的"，作为"文化多样性的熔炉，又是可持续发展的保证"，非物质文化遗产以其动态发展及非物质的特性补充了《保护世界文化和自然遗产公约》对文化遗产的定义。

在 2003 年《保护非物质文化遗产公约》中，非物质文化遗产被解释为"被各社区、群体，有时是个人，视为其文化遗产组成部分的各种社会实践、观念表述、表现形式、知识、技能以及相关的工具、实物、手工艺品和文化场所"，同时"世代相传，在各社区和群体适应周围环境以及与自然和历史的互动中，被不断地再创造，为这些

---

[1] 诸如国际文物保护与修复研究中心（ICCROM）、国际古迹遗址理事会（ICOMOS）、世界自然联盟（IUCN）等。

社区和群体提供认同感和持续感，从而增强对文化多样性和人类创造力的尊重"。《保护非物质文化遗产公约》中对非遗五种类型的划分为："一、口头传统和表现形式，包括作为非物质文化遗产媒介的语言；二、表演艺术；三、社会实践、礼仪、节庆活动；四、有关自然界和宇宙的知识和实践；五、传统手工艺。"传统营造技艺属于"传统手工艺"大类。公约还进一步阐述了保护的具体内容，即"指确保非物质文化遗产各个方面的确认、立档、研究、保存、保护、宣传、弘扬、传承（特别是通过正规和非正规教育）和振兴"。

2. 中国非遗保护的进程

随着非物质文化遗产对民族、国家重要性的凸显，政府及各方学者积极关注非遗保护理论与实践问题，促使非遗保护的概念逐渐进入公众视野。在 2004 年我国加入《保护非物质文化遗产公约》后，非物质文化遗产的保护工作也进入加速发展的阶段。2005 年 3 月国务院办公厅印发了《关于加强我国非物质文化遗产保护工作的意见》（以下简称《意见》）；2006 年 11 月颁布了《国家级非物质文化遗产保护与管理暂行办法》；2011 年《中华人民共和国非物质文化遗产法》（以下简称《非遗法》）颁布实施，成为我国非遗保护工作正式的法律依据。

在加强非物质文化遗产的生产性保护工作中，文化部分别在 2011 年和 2014 年公布了两批"国家级非物质文化遗产生产性保护示范基地名单"，并在 2012 年 2 月印发了《关于加强非物质文化遗产生产性保护的指导意见》，明确了非遗生产性保护的重要意义，并对相关方针、原则和工作机制进行了详细说明。

在传承保护方面，2012 年在北京设立了联合国教科文亚太地区非物质文化遗产国际培训中心，2015 年文化部和教育部推动实施"非物质文化遗产传承人群研修研习培训计划"，选取全国多所院校作为试点，鼓励传承人进行培训研修，同时成立了研培专家咨询库。2017 年发布的《中国传统工艺振兴计划》，进一步明确了传统工艺的独特价值和保护意义。2019 年启动了第五批国家级代表性项目推荐申报工作，制定了《非物质文化遗产传承发展工程实施方案》《非物质文化遗产保护专项规划（2019—2025）》，加强国家级非遗代表性传承人管理，探索建立代表性传承人评估制度；2019 年 11 月修订出台了《国家级非物质文化遗产代表性传承人认定与管理办法》，同时对国家级代表性项目保护单位进行评估检查和动态调整，持续开展非遗记录工程、研培计划、传统工艺振兴计划。

通过对我国非遗保护工作进程的梳理，可以看到政府对于非遗保护工作的力度逐渐加大，形成法律保障、政策支持、制度建设、资金扶持等多方合力作用下的新面貌。[1]

非物质文化遗产中的"非物质"是我国对联合国之前阶段提法 non-physical heritage 的直译，所谓"非物质"实际是"无形"（intangible），有了无形的概念，在面对传统营造技艺的保护时，就能更清楚地意识到"非物质"并不是排除物质载体，而是强调其不具备实体形态的人的技艺、文化乃至精神。我国的《非遗法》将非物质文化遗产定义为"各族人民世代相传并视为其文化遗产组成部分的各种传统文化表现形式，以及与传统文化表现形式相关的实物和场所"。

考虑到我国非物质文化遗产类型丰富、数量众多，为便于非遗管理工作的展开，逐渐形成了符合我国国情的分类方式，分别为"传统口头文学以及作为其载体的语言；传统美术、书法、音乐、舞蹈、戏剧、曲艺和杂技；传统技艺、医药和历法；传统礼仪、节庆等民俗；传统体育和游艺以及其他非物质文化遗产"六大类型 [2]，传统营造技艺属于"传统技艺"大类。

目前，我国已经建立了国家、省、市、县四级非物质文化遗产名录体系。在我国已经公布的五批国家级非物质文化遗产代表性项目名录中，传统营造技艺项目共计 38 项（69 个子项），另有 14 项（36 个子项）与传统建筑营造相关的雕刻、造像、绘画等传统美术类项目，涉及多地区、多民族的建筑营造方式。此外中国传统木结构营造技艺于 2009 年被列入"人类非物质文化遗产代表作名录"（图 1-1）；中国木拱桥传统营造技艺于同年被列入"急需保护的非物质文化遗产名录"。保护对象的充实体现了我国日益提高的非遗保护实践水平，对于在国际层面宣传和弘扬博大精深的中华文化、中国精神和中国智慧，都具有重要意义。

---

[1] 国家及部级非物质文化遗产相关政策法规文件详见附录 E、附录 F。

[2] 六大类型划分是我国《非遗法》的分类方式。2006 年公布的我国第一批国家级非物质文化遗产代表性项目名录采用的是"十分法"，包含"民间文学、民间音乐、民间舞蹈、传统戏剧、曲艺、杂技与竞技、民间美术、传统手工技艺、传统医药、民俗"。其中"民间美术"和"传统手工技艺"后变更为"传统美术"和"传统技艺"。

图 1-1　中国传统木结构营造技艺被列入"人类非物质文化遗产代表作名录"的证书

非物质文化遗产保护是人类共同的事业，在共同构建人类命运共同体的大格局下，非物质文化遗产作为"文化多样性的熔炉"与"可持续发展的保证"所呈现的"和羹之美，在于合异"，正与当下构建人类命运共同体所鼓励的文化互赏、传承创新相辅相成（宋俊华，2018）。在全球文化遗产保护的宏大背景下，中国的非物质文化遗产保护有自己独特的历程，有自我的探索和与世界的沟通，更有众多非遗保护工作者的智慧和坚持。但我们也看到，我国非遗的管理机制、保护方式、宣传与弘扬等仍需要完善。进入新时代的我国非遗保护也迎来新的机遇、肩负新的使命，需要更新的理念支撑、更健全的法规保障、完整的学科提升与创新研究。需要创造性的转换与创新性的发展模式，做到"见物见人见生活"。

1.1.2　中国传统营造技艺的内涵阐释

1. "营造"与"传统营造技艺"

（1）"营造"概念

在对传统营造技艺进行阐释之前，我们先探讨下"营造"的含义与概念，以帮助我们加深对传统营造技艺的理解。针对"营造"概念已有多位学者从各自的角度进行探讨与研究，如王骏阳、诸葛净、焦洋等学者都在建筑学的背景下对"营造"一词的词义进行了梳理，对"营造"与"建筑""建造""建构"等概念的关联进行解读与阐发。东南大学马佳志则分阶段对近代"建筑"和"营造"含义的变化发展进行了梳理，并分析其含义与其背后学科、行业建立之间的影响。根据东南大学诸葛净对"营造"一词词义演变的研究，"营造"起初作为动词涵盖器物与建筑物的制作，唐宋之后，伴随管理的专门化与营造知识自身的复杂性与专业化，逐渐以"营造"专指房屋、城郭的建造，区别于器物的制作，包括与之相关的"营缮"与"营建"等概念。这点从《营造法式》的命名中也可探知，说明北宋后期"营造"一词已多指各类建筑物、建筑构件及建筑工程相关事务（2011）。

今天，"营造"一词更多地对应传统建造的技术，"营造"在当下仍携带传统匠人、传统建造方式的语义信息，包含"建造和持续使用过程中所曾发生过的事件、风习及其与建筑互动作用所留下的印记"（常青，2013）。但从其含义分析，"营造"涵盖了现代建筑表达所指的"建造"的行为概念，看重以人为核心的介入方式，但不仅仅只是"建造"，如王骏阳教授所述，"营造更倾向于对建筑和建造物质性的超越"。

20世纪30年代，"中国营造学社"的发起人朱启钤先生在对学社命名时谈道："本社命名之初，本拟为中国建筑学社。顾以建筑本身，虽为吾人所欲研究者，最重要之一端。然若专限于建筑本身，则其于全部文化之关系，仍不能彰显。故打破此范围，而名以营造学社。则凡属实质的艺术，无不包括。由是以言，凡彩绘、雕塑、染织、髹漆、铸冶、抟埴、一切考工之事，皆本社所有之事，推而极之，凡信仰传说仪文乐歌，一切无形之思想背景，属于民俗学家之事，亦皆本社所应旁搜远绍者"。朱启钤先生是以宏阔的文化角度关照"营造"之学，已有对"无形"概念的考量，既有实质的营造、考工之事，又涵盖与之相关的思想文化、信仰、民俗等。

对于《中国营造学社开会演词》中朱启钤先生所述的"营造"，同济大学刘涤宇副教授将其概括为三个层次，最内层的是狭义的营造，即"土木之功"；向外扩展则有第二层含义，即广义的"营造"，包括"一切考工之事"；第三个层次是"一切无形之思想背景"，即与营造相关的一系列无形文化。我们可以将其理解为这在很大程度上便是当下我们讨论的传统营造技艺概念的初始轮廓，然而，朱启钤先生所设想并实践的"营造"之学，第二层与第三层内涵在学社解散后的很长一段时间内逐渐模糊，并未在后续研究中贯彻。而在非物质文化遗产保护概念的推进下，传统营造技艺以一种有力的方式再次进入学界的研究视野中。

对于非物质文化遗产角度下的"营造"概念，中国艺术研究院刘托研究员对其丰富内涵进行了阐述分析，营造包含了营（设计）和造（建造）两个方面，可以被解读为建筑艺术与技术的统一。"营"的本义就与建造、居住有关，《考工记》中"匠人营国"的"营"即含有度量的含义，非遗营造技艺中的"营"相近于今天所说的建筑构思与规划设计，是意匠经营，建筑形态与样式的选择，以及色彩与装饰的表现等都是"营"的重要内容，包含相地选址、布局规划、尺寸权衡、结构选型、选材配料诸多方面。传统汉语中的"营"不是现代意义上个体的自由创作，而是一种群体性、制度性、规范性的运筹，是一种社会集体意志的表达。"造"是营的实践，是技艺的载体和实现过程，包含施工建造中的选材加工、工序做法与制作安装等，技艺也是通过"造"的过程得以不断传承。可以说，"'营造'在中国传统中不仅对应着材料和建造技术，更深刻地关联着社会机制及文化精神，系统、全面地呈现了建造行为的意图、操作与技艺"（辛塞波，2017）。

（2）传统营造技艺的丰富内涵

营造活动的复杂性使中国传统营造技艺具有丰富的内涵。传统营造技艺作为非物质文化遗产的重要类型，其内涵不仅包含营造技术、工艺、做法，在广义概念上还包括与营造技术密切相关的材料辨识选用、工具制作使用，以及营造工序与流程安排等，同时包括伴随于营造实践中的文化、精神与民间礼俗活动，既涉及传统社会关于生态环境的朴素哲学，又包含对建造居住科学的认知。我们暂将传统营造技艺的内涵分为技术内涵与文化内涵两部分。

传统营造技艺的技术内涵主要涉及各类建造工艺、加工技术，以及与营造组织、流程相关的技能型知识内容，它们在官方控制的范围内发展为工程监督和验收的标准，在地方成为民间共同信奉和遵守的规定，成为营造技艺的重要内容，是传统工艺中技与艺、道与器统一关系的深刻反映。传统营造技艺最直接的实践者是各个工种的工匠，他们在几千年的营造过程中传承与积累了丰富的技术工艺经验，在材料的合理选用、结构方式的确定、模数尺寸的权衡与计算、构件的加工与制作、节点及细部处理和施工安装等方面都有独特与系统的方法和技能。例如用于保护木构件表面的"地仗"，其用料组成如颜料、桐油、米浆、兽血等传统材料，在现代早已不是秘密，"但春夏秋冬、何种木材、下不下雨，比例都不同，个中奥秘只有那些有着几十年经验的老工匠才掌握，就像老中医开药，药方不同"[1]。

　　传统营造活动中丰富的文化内涵，包括与营造技艺相关联的一系列文化习俗和禁忌做法，如营造活动初始的相地选址，立基动土时的择日、庆贺仪式，建造过程中的立架、上梁、覆瓦等活动（图1-2、图1-3），这些活动和仪式与建筑营造密不可分，是传统营造技艺的重要组成部分。不同地域、民族，不同种类的传统营造技艺都凝结着建造者与使用者对自然和宇宙的认识，反映了中国传统社会等级制度和人际关系，其背后蕴藏着传统朴素的居住哲学及与之相应的传统文化，影响了中国人的行为准则和审美意向。比如我国传统村落的选址、街巷的布局、水口等重要空间场所的安排，既触及传统时空观、自然观等方面的认知体系，又涉及民俗、祭祀、礼仪等社会实践。

图1-2　大木构架的安装

图1-3　建造过程中的上梁

---

[1] 贾冬婷：《故宫最后的工匠》，《三联生活周刊》2008年第40期，http://www.gongpin.net/news/item_4015.html，访问时间2020年5月11日。

2. 中国传统营造技艺的类型划分

悠久的历史、广阔的地域、众多的民族造就了我国丰富的传统营造技艺。面对气候和地理条件的差异，为适应地域环境、风俗文化，工匠们发展出各具特色的技艺做法，形成了独特的技艺体系和建筑样式，这些不同的技艺通常与不同地区的"气候条件、材料加工、居住方式、历史文化、民族习惯、地方习俗等密切相关"，涉及多方面的因素。按照历史文化和地方审美情趣以及工匠的习惯做法不同来划分，在北方地区和江南地区形成了多种不同的地方流派，如苏州香山帮、徽州帮、浙江东阳帮和宁绍帮、江西赣派、山西晋派、北京的京派等。

无论哪种流派，都是在长期发展中与地方自然与人文条件相适应的经验选择，形成了完整连贯的技艺体系和区别于其他流派的地域特征和艺术风格，具有地域性和独特性。例如江南地区的建筑总体而言具有相近的风格，建筑结构方式相近，工艺相近，虽然品格、细节各有特色，但在总体风格上都具有构架轻盈、粉墙黛瓦、风格典雅的特点。同样是合院住宅，也有南方地区布局紧凑的天井式合院与北方地区开敞布局的不同。即使是相似地区，其对营造类型的选择也有所不同，如北方地区对地坑院和靠山窑的选择，羌族和藏族地区对碉楼和碉房的选择，客家民居中也涉及不同形式的围屋、土楼。有时即便同处一省，也是"十里不同风"。

不同的分类标准自然形成不同的划分方式。按照构造方式与结构类型来划分，大多数以木结构为主的建筑营造方式，集中在汉族与部分少数民族，分布省份十分广泛，并形成多种流派，但其文化内涵及核心技艺是相通的。代表性的类型有官式古建筑、北京四合院、香山帮建筑、婺州传统民居、徽派传统民居、庐陵传统民居、闽南传统民居（图1-4、图1-5）等。同时包括西南苗、侗、傣等众多少数民族的木结构营造技艺，如侗族木构建筑营造技艺（图1-6）、苗寨与土家族吊脚楼营造技艺等。其次还有一些较为特殊的类型，如以夯筑垒砌为主要营造方式的窑洞营造技艺、客家土楼营造技艺、羌族与藏族的碉楼营造技艺等，带有组合装配方式的蒙古包营造技艺、哈萨克族毡房营造技艺等。

根据使用材料的不同，可以划分为木结构营造技艺、石结构营造技艺、砖结构营造技艺、竹结构营造技艺、土结构营造技艺等，如闽南传统民居营造技艺，采用红砖红瓦及白色花岗石，形成了极富艺术特色的建筑形式。

图 1-4
福建厦门的传统民居

图 1-5
福建土楼

图 1-6
广西侗族风雨桥

1.2 中国传统营造技艺保护的发展历程

1.2.1 传统营造技艺保护的初兴（20世纪初—1948年）

1. 以中国营造学社为主要力量的保存与研究工作

传统营造技艺在"重士轻工"的中国古代社会并未被提升到文化的高度，对传统营造的记录散落于少量的典籍、各类型的史料与抄本之中；对于承载技艺的建筑本体，如梁思成先生所言，则多被视为类同"被服舆马"，时而更换；加之传统营造技艺的传承系于师徒的口传身授，代代相传，在工匠不被重视的古代社会，技艺的更迭与消亡更加难以把握。以现代保护视角关注传统营造技艺并对其进行针对性的研究可追溯至20世纪20年代由朱启钤发起的营造学会和1930年创办的中国营造学社，以梁思成、刘敦桢等为代表的第一代建筑学者开启了中国传统营造研究之滥觞。

1925年，朱启钤自筹资金，与陶湘、学者孟锡钰共同倡议成立了民间学术团体"营造学会"，共同搜集、整理中国古代营造学散佚的古籍。1929年得到中华教育文化基金会资金赞助，随即于1930年在北平东城宝珠子胡同7号朱启钤寓所内成立中国营造学社，其后梁思成、刘敦桢加入，为学社带来了现代的科学研究方法，成为学社的中坚力量。营造学社成立本身作为开启中国传统营造保护与研究的标志性事件，有赖于朱启钤先生宏阔的学识背景和对我国传统营造价值的深刻体认。概括来说，中国营造学社对传统营造的保存与研究工作主要有以下几个方面。

（1）传统营造文献的搜集、整理与研究

① 宋《营造法式》与清工部《工程做法》。

宋代的《营造法式》与清工部《工程做法》都是由政府为规范当时的营造活动而颁定的规范文本，对二者的研究与解读是学社成立的基础与重要工作。1919年，朱启钤作为和谈代表赴上海出席南北议和会议时，在南京的江南图书馆发现宋代《营造法式》抄本，次年即影印行世，即"丁本"。随后，朱启钤请藏书家、版本目录学家陶湘等多位文献学者利用文渊、文溯、文津三阁《四库全书》本汇校，于1925年由商务印书馆出版《仿宋重刊本李明仲营造法式》，即"陶本"。在营造学社成立后，朱启钤先生表示"今欲研究中国营造学，宜将李书读法用法，先事研究，务使学者，融会贯通，再博采图籍，编成工科实用之书"。《营造法式》的图样绘制参照当时清代的官式建筑，聘请老工匠绘制。

对清工部《工程做法》的研究是营造学社成立初期的重要工作。考虑到《工程做法》"有法无图"，研究者不容易理解，在营造学会期间，朱启钤就"招旧时匠师，按则例补图六百余通"。"……曩因会典及工部工程做法，有法无图，鸠集师匠，效梓人传之画堵，积成卷轴，正拟增辑图史，广征文献。"1930 年梁思成加入后的重要工作就是对《工程做法》的图样进行现代建筑方式的绘制整理。初期面对"天书"一般的《营造法式》，对其解读与注释，也是在对清式营造研究理解的基础上开展的，通过已经弄懂的清代的则例、实物，去比对宋代的文本。

通过全国范围内的大量实地测绘，弄清楚了若干"明清建筑中所没有而《营造法式》中却言之凿凿的"（郭黛姮，2003）内容，成为之后注释《法式》的基础。1934 年梁思成出版了《清式营造则例》，包含清代官式营造的做法、形制，各构件的辞解、位置、尺寸，并配合相应的实物照片和工程制图。可以说是由《营造法式》和《工程做法》两本"文法课本"切入，通过解读其中的工艺做法、工料价值，开始了对营造制度、方法、营造活动、营造参与者等营造体系中多方面问题的关注和研究（刘畅，2002）。

②《哲匠录》的编辑与整理。

《哲匠录》也是朱启钤在营造学会时就与阚铎、瞿兑之开始的一项工作。该书是在搜集和提炼正史、方志、笔记等史料的基础上，"因刺取群籍之涉及艺术而有姓名可纪者，分类录出，注重记实，力求严格"，采用人物传记的形式，按照时代顺序，汇集了营造、叠山、攻守具、造像、营建五类工程方面的相关人物，既有营造工程的组织者，也有管理者与工匠，整理后从 1932 年 3 月起连载于《中国营造学社汇刊》。《哲匠录》是中国传统营造研究中率先关注到"人"作为营造活动的核心角色，最早对营造类匠人进行记录整理的工作成果，在 20 世纪 30 年代具有极为前沿的学术眼光。

③汇集并编纂《营造辞汇》。

传统营造活动涉及大量专业名词术语，对专业名词术语的辨析和解读不仅是传统营造研究重要的基础性工作，在建筑修缮工程中也有其具体意义。在营造学社创立之初，朱启钤就已意识到传统营造中名词术语的重要价值，将营造辞汇的纂辑作为学社重要的基础工作，"营造所用名词术语，或一物数名，或名随时异"，应对照整理进行解释，并配以图片。编纂工作由朱启钤本人负责，阚铎协助，为此阚铎在1931年前往日本访问日本建筑学会的术语编纂委员会。《营造辞汇》编纂主要是针对清代营造的术语，"故拟广据群籍，兼访工师，定其音训，考其源流，图画以彰形式，翻译以便援用。""纂辑营造辞汇，于诸书所载，及口耳相传，一切名词术语，逐一求其理解。制图摄影，以归纳方法，整理成书。期与世界各种科学辞典，有同一之效用。"

④ 营造则例抄本、典籍、古建模型的搜集整理。

朱启钤长期以来注重搜集整理流传民间的则例抄本，对"零闻片语""残鳞断爪"的则例、抄本十分珍视，认为这些营造算例"真有工程做法之价值……乃是料估专门匠家之根本大法"。

> "惟闻算房匠师，别有手抄小册，私相传习，近年工业不振，文献无征，吾人百计求索，时于纸堆冷摊，偶尔发见，朋好收藏，辗转借观，就所己得，除重复外，约十数种，有题为工程做法者，有题为大木分法、小木分法或某作分法等者，有题为营津大木做法者，各册内容，悉是算例，分科列举，俱甚精当，间附歌诀简法别法，颇似新式建筑之法规公式，而不成文法，殆为各作师徒薪火相传之课本，或即工部档房书吏夹袋中之脚本。"

内容涉及大木、小木、土作、瓦作、石作、琉璃瓦料作等做法，用工用料及估算等方面，这些算例抄本"与官订的工部《工程做法》不同，大多是匠人自己总结出来做法、口诀歌谣或简算法，也有从样房算房流传出来的做法秘本"（孙江宁，2003），这些算例后期经梁思成、刘敦桢等学社成员整理陆续发表于《中国营造学社汇刊》，详见表1-1。

表 1-1 发表于《中国营造学社汇刊》的各类工程做法、算例

1931 年 4 月	第二卷第一册	营造算例印行缘起
		歇山庑殿斗科大木大式做法
		大木小式做法
		大木杂式做法
1931 年 9 月	第二卷第二册	土作做法
		发券做法
		瓦作做法
		大式瓦作做法
		石作做法
		石作分法
1931 年 11 月	第二卷第三册	发券做法
		桥座分法
		琉璃瓦料做法
1933 年 7 月	第四卷第一册	牌楼算例
1935 年 6 月	第五卷第四册	清宫式石桥做法
1935 年 12 月	第六卷第二册	清宫式石闸及石涵洞做法

除以上几方面，营造学社成员还搜集、整理并出版了一批与传统营造相关的书籍、史料，如《工段营造录》[1]《园冶》《梓人遗制》[2]《明代营造史料》[3]《同治重修圆明园史料》等。学社在《中国营造学社汇刊》中刊登征求各类营造书籍图样、钞本刻本等的启事[4]，同时收集古今实写及界画粉本，样式雷的图样与古建筑模型，与营造相关的摄影、拓本等。

（2）对匠作传承的关注与研究

对营造工程有丰富经验的朱启钤，敏锐地认识到工匠群体以及那些不被典籍所记载、由工匠口耳相传的营造经验的珍贵。早在 1914 年，朱启钤致力于北京皇家公园、坛庙等古迹名胜的开放时，就注意到工匠对于营造活动的重要性，开始关注工匠技艺的记录和保存工作，并在研究与实践的过程中产生了将营造匠人纳入建筑遗

---

[1]《工段营造录》经阚铎整理后发表于 1931 年 11 月的《中国营造学社汇刊》第二卷第三册。《工段营造录》是清人李斗于乾隆六十年（公元 1795 年）所著，收录于《扬州画舫录》第十七卷。
[2] 发表于 1932 年 12 月《中国营造学社汇刊》第三卷第四期，薛景石著，朱启钤校注，刘敦桢图释。
[3] 单士元，发表于《中国营造学社汇刊》1933 年 7 月第四卷第一册至 1935 年 3 月第五卷第三册。
[4] 发表于 1930 年 7 月《中国营造学社汇刊》第一卷第一册。

产保护体系的想法。朱启钤感怀老一辈工匠年事已高，提出将工匠所掌握的传统营造技艺用文字、影音的方式记录保存，以供后人研究。

"挽近以来，兵戈不戢，遗物摧毁，匠师笃老，薪火不传。吾人析疑问奇，已感竭蹶。若再濡滞，不逮数年，阙失弥甚。"朱启钤与学社成员走访大量营造工匠、样房算房专家，以匠人为师，记录其技艺，聘请匠作师傅绘制图样、详图，制作模型、烫样。在清工部《工程做法》研究的过程中，梁思成即拜木匠杨文起师傅和彩画匠祖鹤州师傅为师，比照北京大量的清代建筑作为实例学习。同时学社还吸收了当时营造厂的一系列人员入会，如陆根记营造厂厂主陆根泉[1]、申泰兴记营造厂厂主钱馨如[2]、琉璃窑厂厂主赵雪舫（访）[3]、兴隆木厂厂主马辉堂[4]和徒弟宋华卿。

营造学社对传统工匠及其掌握营造技艺的关注、与工匠团体建立紧密的关系等工作的开展，对匠作传统的保护具有重要意义，在后来的古建修缮实践中也发挥了积极的作用。营造学社对匠作传承的关注也影响到当时政府对文物建筑修缮的思考，如旧都文物整理委员会委员长陶履谦在拟定《关于旧都文物整理的计划实施之意见》中提出，文物修缮施工中必须有掌握传统建筑营造技艺的工匠指导或参与，也聘请掌握清式营造技艺的匠师参与修缮工程。

---

[1] 陆根泉（1898—？），原籍浙江镇海，12 岁于上海习泥水匠手艺，满师后在汤秀记、久记营造厂当泥工小包、挡手，民国十八年（1929 年）创办陆根记营造厂。http://www.shtong.gov.cn/newsite/node2/node2245/node69543/node69552/node69640/node69644/userobject1ai67942.html 上海市地方志办公室，访问时间 2020 年 5 月 11 日。

[2] 申泰兴记营造厂由钱维之于 19 世纪末创办，去世后由其三子钱馨如继承。

[3] 赵家祖籍山西榆次，世代从事琉璃烧造活动，人称"琉璃赵"。元大都兴建时赵氏即应召为皇家烧造琉璃，于和平门外琉璃厂附近设琉璃窑，清代迁至京西的琉璃渠村。工程包括三大殿、太庙、中山公园、北海中海南海、天坛、地坛、先农坛种种，与"算房杨""样子雷"配合密切。烧琉璃瓦所需的矿料"坩子土"（页岩）产自永定河西岸琉璃渠村的对子槐（淮）山一带。王柱宇：《琉璃窑赵访问记》，《世界日报》1934 年，采访当时琉璃窑厂总经理赵雪舫。

[4] 马辉堂（1870—1939），兴隆马家的第十代，马家兴隆木厂是清代八大木厂的"首柜"。八大木厂分别是兴隆（民国时期更名为恒茂）、广丰（民国时期更名为天顺）、宾兴、德利、东天河（和）、西天河、聚源、德祥。还有艺和、祥和、来升、盛祥四家，为四小柜。马金考（兴隆本家第十三代掌作）、杜国堂（兴隆第十三代掌作）、路鉴堂（兴隆第十三代掌作）、扬文启（德祥掌作）、张兰亭（广丰掌作）被称为五大掌作。1911 年后马辉堂关闭兴隆木厂，在西扬威胡同开恒茂木厂，由马辉堂长子马增祺经营。

（3）对传统营造的记录、宣传与弘扬

营造学社成员对华北与西南地区的古建筑进行考察与测绘，绘制了大量图纸并拍摄了图片资料，这些工作成为我国传统营造研究的基础，留下了珍贵的资料。总结此阶段的保护工作可以看出，营造学社对"营造"的关注与保护，"涵盖了艺术、技术、意匠、制度、法式、则例、算例、图样等诸多层面的广义的建筑观、文化观"（温玉清 等，2007），已经包含了非物质文化遗产层面的传统营造技艺内容。对传统营造的保护、研究、宣传，学社都有相应的措施配合（如讲习所、出版物、展览等）。《中国营造学社汇刊》（作为此时学术成果汇集的载体），以及出版的一系列传统营造典籍，在学界发挥了极大的交流与宣传作用。

梁思成于 1932 年 6 月发表的《蓟县[1] 独乐寺观音阁山门考》中，谈及保护思想及措施时就提出要"培养能主持修缮工程的专业人才"，提出"以保护教育唤起政府和社会的关注"。学社深知对公众宣传保护思想对保护工作的重要意义，多次举办和参加展览展出营造图籍、古建筑模型、样式雷图样、烫样及工程籍本等，引起了社会各界对传统营造的广泛关注，从而使得公众对传统营造的保护意识加深。至1946 年营造学社解散，成员以各自的方式投入新的工作，但学社关于传统营造保护的思想与理论也随成员接续的实践而进入新的阶段和更深的层面。

2. 姚承祖与香山帮传统营造技艺

从时间顺序上看，姚承祖对香山帮传统营造技艺的保护与传承早于中国营造学社。姚承祖（1866—1938 年）生于木匠世家，少时即跟随叔父姚开盛学习香山帮营造技艺，1912 年，他在苏州积极倡导成立"鲁班协会"并担任会长，并在苏州创办小学，招收培养建筑工匠，传承香山营造技艺。1923 年苏州工业专门学校建筑科聘请香山匠师姚承祖讲授"中国营造法"，是"第一次将中国传统营造技艺引入学术研究和专业教学，也是我国整理传统营造技艺的最早尝试"（林佳，王其亨，2017）。在苏州工业专门学校任教时，姚承祖总结历代香山匠人的营造经验，配合自己在施工实践中积攒的知识，将家传的《梓业遗书》手稿和营造秘笈、施工图册等整理为教

---

[1] 今天津市蓟州区。

学讲义，后来这些讲义成为《营造法原》的初稿。[1]

　　总结此阶段传统营造技艺的保存、研究与保护实践，多以中国营造学社为主要力量，或受其思想影响，或与其关系密切。内容集中在对官式建筑营造技艺的研究以及由此向外生发的相关技艺。民间其他类型的传统营造技艺留存的传承保护资料较少，笔者认为受限于时代和意识的原因，此时对民间的营造活动以及对其营造技艺的保护传承缺少及时和充分的整理记录。

1.2.2　文物建筑保护工作中的耕耘（1949年—1978年）

1. 研究机构与高校对传统营造技艺的保护

（1）北京文物整理委员会的研究工作

　　1949年11月，中央人民政府文化部文物局成立，北京文物整理委员会（以下简称文整会）成为其下属机构，1950年会内增设彩画室与模型室，由彩画匠师刘醒民、大木匠师路鉴堂主持，完成了一系列古建模型和彩画范本的制作与保存工作。1956年1月，北京文物整理委员会更名为"古代建筑修整所"并组织了古建筑技术研究小组，由路鉴堂讲述古建筑大木操作工艺，研究小组将讲授的内容整理成文章发表在内部刊物《古建通讯》上。

　　路鉴堂带领小组成员井庆升等人先后制作了一批精美的古建筑模型，如"山西应县木塔、北京智化寺万佛阁、天津蓟县独乐寺观音阁、山西芮城永乐宫、山西五台山南禅寺大殿、敦煌莫高窟第431窟木构建筑、山西五台山佛光寺文殊殿等以及一批斗拱模型"（永昕群 等，2010）。模型采用旧金丝楠木制作而成，比例精准、

---

[1] 姚承祖经过六七年的努力，在1929年编撰成《营造法原》书稿。姚承祖在苏州工业专门学校时结识了刘敦桢，经刘敦桢推荐，由其学生张至刚（张镛森）（1909—1983）对书稿进行增编，于1937年脱稿。后因战争、经费等原因，书稿于1959年由建筑工业出版社出版，署名姚承祖原著，张至刚增编，刘敦桢校阅。1979年，上海同济大学建筑系刊行了8开本的《姚承祖营造法原图》，由陈从周作序，教育家叶圣陶题署。1986年，《营造法原》由中国建筑工业出版社再版，书末记："本书是记载我国江南地区传统建筑做法的专著。原稿系苏州营造家姚承祖先生晚年遗著，由张至刚教授增编整理成册。全书按各部位做法，系统地阐述了江南传统建筑的形制、构造、配料、工限等内容，兼及江南园林建筑的布局和构造，材料十分丰富。书中还附有照片一百七十二帧，版图五十一幅。本书对设计研究传统形式建筑及维修古建筑有较大的参考价值。"

做工细腻，其制作过程使研究和技术人员掌握了传统营造的加工、安装与结构构造，是十分宝贵的技术传承与资料留存。1955年刘醒民、王仲杰主编的《中国建筑彩画图案·清代彩画》由人民美术出版社出版；1958年6月《中国建筑彩画图案·明代彩画》由中国古典艺术出版社出版，成为研究传统建筑彩画的奠基之作，书中图样由北京彩画匠人刘醒民、陈连瑞等按照规制绘制。

除了以上研究工作，自1950年起，文整会在全国范围内展开大规模的古建筑调研（包括参与文物局组织的"雁北文物勘查团"）。更名为古代建筑修整所后，勘察调研工作持续推进，涉及陕西、甘肃、青海、四川、山东、山西、江苏、浙江、上海、福建、云南、河南、湖北、湖南、江西、广东、广西等地区，保存了大量资料。广泛的调研与勘查，极大加深了保护工作者对各地方传统营造技艺的认识和对地方性营造技术和工匠的重视。

（2）以传统民居为对象的记录与研究

1950年国家文物局对全国文物开始"摸底"调查，其后各地方的研究机构、高校也都积极开展调研工作。从"实用主义"出发的民居研究成为重点课题，受时局影响，对创造民族形式的建筑需求增多，此时的高校与研究机构合作开展了颇具规模的民居研究。

1953年2月，南京工学院（现东南大学）建筑系在上海华东建筑设计公司要求下，成立了"中国建筑研究室"，由刘敦桢教授主持，集中于对民居、园林的测绘和调研，设立如永定客家土楼、河南窑洞、徽州古建筑等专题，收集了许多不同类型的实例，涉及"辽宁、河北、河南、山东、山西、陕西、江苏、安徽、浙江、福建、广东、北京、上海等省市"，极大拓展并补充了我国地方性传统营造的研究工作。福建客家土楼作为学界的首次发现，其调查研究留下了相当珍贵的资料。1957年刘敦桢出版了《中国住宅概说》一书，该书成为研究传统民居建筑的开山之作，系统勾勒了民居发展的线索并分类梳理，还从技术角度涉及了构造、材料等内容。

1958年，建筑工程部建筑科学研究院成立"建筑理论与历史研究室"，聘请梁思成、刘敦桢为主任。研究室在全国范围开展了广泛的建筑遗产调研与资料收集，尤其是民居等传统建筑的研究。其中包括北京总室对于浙江民居的调查，以及1963年开始的在南京分室研究基础上开展的更加全面的福建民居调研，王其明主持的"北京四合院"研究，刘致平的"内蒙古、山西、陕西、甘肃古建民居"的调查，张驭寰的"吉林民居"调查等。还有以重庆建筑工程学院（今重庆大学）为依托的重庆分室对四川及周边的民居、吊脚楼、藏族、羌族民居的调查。除各研究室，当时的高校也充分参与民居调研工作，如同济大学、天津大学、华南工学院（今华南理工大学）、西安建筑工程学院（今西安建筑科技大学）、哈尔滨工业大学等，都围绕自身周边的传统民居展开研究。如华南工学院对岭南地区民居的调查，西安建筑工程学院对陕西窑洞、陕南民居的调查等。叶启燊等人完成专著《四川藏族住宅》，张驭寰、林北钟等人完成《内蒙古古建筑》，历史室完成《北京古建筑》，王世仁、杨鸿勋编著《西藏建筑》。

学者们充分地参与、广泛地调研，在接触丰富多样的样本后，形成了对传统民居更深层次的理解与对保护的思考，他们还通过接触地区居民和工匠，意识到了地方性的做法、工艺、术语的重要性，对民族建筑的营造方式有了深入的认识，对其营造的名词、做法也通过访问当地匠人并与他们沟通，有了进一步的了解。开阔传统民居研究视野的同时扩大了研究群体，为后续研究奠定了坚实的基础。大批学者针对各类型的传统民居建筑所做的大量调研和记录，"使20世纪五六十年代成为我国建筑史学研究中对传统民居关注度最高、投入力量最大的时段"（温玉清，2006），留存的大量资料与优秀成果成为其后各类民居营造研究的基础。

但此阶段对各地民居与少数民族建筑的研究并未上升至对营造技艺保护的层面，研究的目的也与20世纪五十年代提倡的"民族风格"不无关系。遗憾的是，此后的一段时间传统民居类建筑并没有得到重视和保护，也从侧面说明保护意识循序渐进动态发展的规律。但学界在有限的现实条件下积极探索研究的道路，为传统营造技艺保留并积累了丰富的基础资料和扎实的研究成果，留下诸多对当下传统营造技艺保护具有价值的思考。

2. 实践中的营造技艺传承保护

新中国成立后，文整会先后完成了北京乃至全国各地数十项重要的古建修缮工程，在其还是旧都文物整理委员会的时候，就开始聘请掌握传统建筑营造技艺的工匠指导并参与修缮工程，同时注重与木厂、琉璃厂等营造材料与施工方的互动与联系，完成诸多质量高、效果好的古建筑修缮。实践工程是营造技艺传承的重要途径，通过这些修缮工程培养了一大批营造技术人员。由于工程的具体操作多由文整会与项目当地的匠人合作完成，文整会得以关注到特殊的地方性传统营造技艺和名词术语。文整会在山西古建筑修缮工程中就注意到地方性做法与北京的不同，进一步意识到要对传统工匠和传统营造技艺予以保护。自 1952 年开始，文整会陆续举办全国古建修缮工作人员的培训班，与修缮工程密切结合，为我国传统建筑保护、修缮工作培养了一批核心力量[1]。

新中国成立后公私合营导致营造厂瓦解，传统营造体系断裂，营造技艺的传承方式也失去土壤。面对故宫的修缮问题，故宫也开始重视修缮队伍的培养。故宫的修缮队伍的培养离不开新中国成立后故宫的三次大规模维修。1949 年故宫成立了负责修缮的工程小组；1956 年修缮西北角楼时，负责古建工作的单士元先生聘用了北京兴隆木厂著名工匠马进考、杜伯堂，并制作了相应的古建模型。

1958 年为庆祝新中国成立十周年，故宫启动了一场大修，又招募了技艺精湛的画工何文奎、张连卿。受其在营造学社的经历影响，单士元先生十分重视掌握传统营造技艺的人才，聘用北京各大木厂、油漆局、冥衣铺、石厂等倒闭后流出的优秀工匠进入故宫，逐渐形成了故宫第一代工匠的规模。例如当时被称为故宫"十老"的杜伯堂、马进考、张文忠、穆文华、张连卿、何文奎、刘清宪、刘荣章、周凤山、张国安十位老工匠虽然到了退休年龄，但因其精湛的技艺和丰富的经验，故宫不但聘请他们担任修缮工程的技术指导，更支持他们带徒传艺开展技艺传承工作，为故宫传统营造技艺的传承保护起到重要的作用（何滢洁 等，2020）。

面对传统传承方式的改变，故宫也开始通过施工实践、定期培训等方式不断培养新的匠人，形成了第二代力量，如木作的赵崇茂、翁克良，瓦作的朴学林、邓九安，彩画作的张德才、王仲杰等。1975 年故宫迎来了第三代匠人群体，如李永革、刘增玉、李增林、吴生茂。故宫以其传承和保护模式保存了一大批掌握传统营造技艺的老工匠，建立了专职修缮队伍，有计划地进行技艺传承工作，如此一来老师傅们

---

[1] 全国古建筑培训班第一期于 1952 年 10 月举办，其后 1954 年 2 月、1964 年 4 月、1980 年 9 月又举办了第二、三、四期。四期培训学员共计 127 人。

的技艺通过具体的工程实践和计划性的培训工作得以传承。2008 年，以故宫博物院为保护单位的"官式古建筑营造技艺"入选国家级非物质文化遗产代表性项目名录，是对几代故宫古建工作者和建筑工匠们的传承保护工作的肯定（林佳 等，2017）。

除故宫外，许多古建公司在传统营造技艺的传承方面也都建立了自己的体系和方式，以北京地区为例，如北京市园林古建工程有限公司（成立于 1952 年）[1]、北京市第一房屋修缮工程公司、北京市第二房屋修缮工程公司等单位，对营造技术的传承保护也取得了良好的效果。其中成立于 1964 年的北京市第二房屋修缮工程公司，拥有一批掌握瓦、木、石、油漆、彩画、雕刻、扎彩各种传统营造技艺的工匠，工匠中许多都是师承原北京八大木厂的名家，长期负责北京市故宫以外的古建修缮，通过修缮工程使技艺得到有效传承，培养出马炳坚、刘大可、蒋广全等一大批传统营造技术专业人才，他们如今已经成为营造技艺传承的中坚力量。

1.2.3 传统营造技艺研究的接续（改革开放后）

随着改革开放的推进，建筑史学研究工作逐渐恢复，建筑遗产的保护修缮工作也进入新的层次，随之而来的一系列学术复苏，主要针对之前阶段对营造技艺相关工作进行整理，并出版了大量研究成果。

1. 以传统营造文献为基础的研究

作为对营造学社研究的接续工作，1983 年 9 月，集合多方努力，中国建筑工业出版社出版了《〈营造法式〉注释》卷上，凝结了梁思成先生及其学生和众多整理者数十年的心血。1995 年中国建筑工业出版社出版了王璞子先生的《〈工程做法〉注释》，在总结前人研究的基础上，对清工部《工程做法》进行了具有理论性和实用性的解读。2009 年河南教育出版社（今大象出版社）出版了王世襄编著的《清代匠作则例》（共六卷），涉及四十余种匠作，内容十分丰富。所谓匠作则例即"把

---

[1] 时为"北京市人民政府公园管理委员会工程队"，1957 年更名为"北京市园林局修建处"，1980 年更名为"北京市园林修建公司"，1984 年更名为"北京市园林古建工程公司"，2012 年更名为"北京市园林古建工程有限公司"。

已完成的建筑和已制成的器物，开列其整体或部件的名称规格，包括制作要求、尺寸大小、限用工时、耗料数量以及重量运费等，使它成为有案可查、有章可循的规则和定例"。王世襄先生对匠作则例的研究从加入中国营造学社就开始了，1962年到文物研究所后，除了整理文整会所存的则例，还收集了北京图书馆、故宫博物院等处收藏的匠作则例。

2. 多角度保护研究的开展

20世纪70年代后期，面对老一辈工匠陆续退休、新进的青年力量无法接续的情况，北京市第二房屋修缮工程公司于1981年设立古建筑技术研究室，抽调一线技术骨干负责传统营造技术与工艺的研究工作，发表技术文章如《清代木构建筑的节点和榫卯》《古建筑翼角的构造、制作与安装》《古建砖料及加工技术》《捉缝灰》，并编制了《古建筑修建工程定额》。该研究室在传统彩画营造方面作了大量研究，绘制了大量清代不同类型、时期的彩画小样，也涉及宋辽、元、明多代。

值得一提的是，为发掘、交流传统营造技术的研究成果，1983年12月，古建筑技术研究室创办了《古建园林技术》杂志，杂志设有"传统建筑文化遗产保护""传统建筑设计""传统建筑施工""传统建筑园林研究""建筑历史与理论""传统建筑教育""当代哲匠"等栏目，针对古建筑营造技艺的发掘和研究，"使千百年来一直在工匠师徒间口传心授的技艺得以整理传承，使之系统化、理论化并见于经传"（马炳坚）。

1973年，建筑理论与历史研究室重组，隶属情报所。1978年，部分原历史室员工陆续回归，逐步恢复建筑历史的研究工作。随着早年的调查研究成果以及未曾中断的研究的经验总结的陆续出版，于20世纪80年代初取得了建筑历史研究领域的重大研究成果。1981年1月，文物出版社出版了陈明达的《营造法式大木作研究》，作为宋代《营造法式》研究的有力成果。1984年9月，中国建筑工业出版社陆续出版了一系列以民居建筑为对象的研究成果。1985年8月新疆人民出版社出版了刘致平的《中国伊斯兰教建筑》，他所著的《中国建筑类型及结构》也于1987年由中国建筑工业出版社出版，对各类型建筑的技术、形制与做法都有相应的见解与分析。

1983年8月，中国建筑工业出版社出版了由文物保护科学技术研究所（即之前的"文整会"）杜仙洲主编的《中国古建筑修缮技术》，参与编写的还有北京市西城区房管局工程队、北京市第二房屋修缮工程公司、故宫博物院古建部等单位的专家与技术人员。书中总结了老工匠在古建修缮中的实际经验与传统做法，内容涉及木、瓦、石、油漆、彩画、搭材六作，同时对当时的新材料和新工艺也做了介绍。此书的出版对传统营造技艺的总结具有实际意义，也为培养年轻工匠、充实工匠队伍提供了实际性的技术支持。1985 年 11 月，文物出版社出版了井庆升的《清式大木作操作工艺》，是通过整理、总结路鉴堂讲授笔记，在路鉴堂《古代建筑大木操作程序和规格》的基础上完成的。

1985 年，中国科学院自然科学史研究所主编的《中国古代建筑技术史》由科学出版社出版。书中全面完整地集合了我国古代建筑发展历史各阶段数千年的技术发展，包含对传统营造技术、匠师、建筑著作等内容的研究。1987 年中国建筑工业出版社出版了李全庆、刘建业的《中国古建筑琉璃技术》。1991 年科学出版社出版了马炳坚的《中国古建筑木作营造技术》。1993 年中国建筑工业出版社出版了刘大可的《中国古建筑瓦石营法》，该书是作者在多年的古建修缮研究、实践的基础上，对具体的施工工艺与做法进行的经验总结。1992 年 8 月，天津大学出版社出版了王其亨主编的《风水理论研究》，书中集合了 23 篇风水研究及评论文章。1999 年，文物出版社出版了由萧默主编，中国艺术研究院"中国建筑艺术史编写组"编写的《中国建筑艺术史》，书中涉及类型丰富的传统营造类型。

3. 对技艺传承的关注与保护

改革开放后，所有制形式更为多样，建筑工匠受雇于各种政府或民间的古建公司、建筑队。1979 年，为了传承发展香山帮传统建筑营造技艺，60 多名香山匠人成立了"吴县[1]古代建筑工艺公司"，其后该公司逐渐发展为千余人的工匠队伍，应邀参与营造和修缮了大批古建园林项目。公司成立后对香山帮传统营造技艺进行了系统挖掘和整理，并采用传统的师徒教授方式进行技艺传承。

1984 年北京市房管局在房管局职工大学率先创办"古建筑工程专业"，专门培养古建筑技术人才，课程涉及木、瓦、式、油漆等诸多与传统营造技艺相关科目。

---

[1] 1995 年已撤销。

由北京市第二房屋修缮工程公司的古建筑技术研究室承担教材编写的任务，马炳坚编写的《古建筑木结构营造修缮技术》、刘大可编写的《古建筑瓦石工程》、边精一编写的《古建筑油漆彩画讲义》等著作成为当时传统建筑技术系统的资料，在业内广为流传，对职业教育培训起到了极大的作用。

单士元[1]先生对传统营造技艺、传统工匠的保护持续数十年不变，早在1979年，单士元先生就曾呼吁加强传统营造工艺的保护，并在文章中提出营造体系中工艺、工匠、工具及营造材料的保护问题。1992年，单士元先生有感于老工匠的不断离世和传统技艺的濒危失传，呼吁抢救传统营造工艺，并指出抢救传统营造工艺的重要性和紧迫性，在搜集相关文献资料、人才的同时，建议采用录音、录像等方式对掌握传统营造技艺的工匠们进行记录，用现代化的手段保存活态遗产。

"……在近几年中，进行维修工程中，工艺技术多失其真，伤损古建筑结构上科学之工程和传统建筑之艺术性，而对祖国建筑在色彩艺术上更多失去旧样。长此以往，再过若干年，则祖国历史建筑面目全非。过去中国建筑工艺技术、师徒之间，大都为口耳相传，结合施工实践而传于世，现在老一辈哲匠大师，已多衰老，所掌握工艺技术又无机以传。为了使擅长传统工艺技术的哲匠能继续传于世，拟通过音像手段保留下来……"

罗哲文先生也曾撰文呼吁，建筑遗产的保护工作，一应注意传承老工匠、老技师、老艺人的技艺，二应关注传统营造材料的质量，"工精料实"才能将建筑遗产的保护实践工作做好。

1989年10月，建设部[2]与国家文物局出台了《古建筑修建工人技术等级标准》，将工匠按工种不同分为木工、瓦工、油漆工、彩画工、石工，每个工种按照技艺水平再分为初级工、中级工和高级工，同时规定高级工必须具有"总结经验、传授技艺、培训初级技工、指导中级技工的能力"。这种明确的技术标准对传统营造匠人的技

---

[1] 单士元（1907—1998年），中国明清史专家、档案学家和古建筑学家。1930年受聘于中国营造学社，任编纂。主持成立了故宫研究室、古建部、修缮队等研究、保护机构。
[2] 2008年改组为住房和城乡建设部。

艺发展传承也有其积极意义。

1.2.4 传统营造技艺保护的新篇章（21 世纪初至今）

在我国 2004 年 8 月加入联合国教科文组织《保护非物质文化遗产公约》后，我国的非遗保护进入政府规划引导、保障推进，社会广泛参与的新层次，通过法规政策、制度管理、保护途径等方面的搭建，逐步建立了符合我国国情的非遗保护体系。传统营造技艺保护进入更全面的保护实践阶段。

2006 年，香山帮传统建筑营造技艺、客家土楼营造技艺、侗族木构建筑营造技艺、苗寨吊脚楼营造技艺被列入第一批国家级非物质文化遗产代表性项目名录。2009 年中国传统木结构营造技艺被列入"人类非物质文化遗产代表作名录"，传统营造技艺开始频繁地进入学界与公众的视野，也促使建筑史、民俗、工艺美术等领域的研究者和公众自觉关注与重新审视传统建筑营造文化，使得传统营造技艺的记录、研究与保护工作得到空前的充实。

从国家层面的管理保护机构，如文化和旅游部非物质文化遗产保护司、中国非物质文化遗产保护中心、国家文物局到各级各地的文旅主管部门、传统营造技艺保护单位，再到相关研究机构、大专院校及各类保护机构都针对传统营造技艺开展相应保护工作。

1. 非遗保护政策与管理机制建设

进入 21 世纪后，尤其在我国加入《保护非物质文化遗产公约》后，政府主导下的非物质文化遗产保护工作进入全面发展的新阶段。我国通过法律法规保障、政策支持、制度建设、资金扶持等多种形式，初步形成了系统性的非物质文化遗产保护管理体系。从法规政策层面看，从国家到地方针对非物质文化遗产保护工作的法规条例、保护意见、管理办法等已经形成广泛的覆盖。出台了非遗项目管理办法、传承人认定与管理办法、生产性保护指导意见等一系列政策，使非遗保护工作持续取得进展，同时实施传承人群研修研习培训计划、手工艺振兴计划和建立国家级文化生态保护区等，也取得了丰硕的成果。

从管理机制层面看，非遗保护工作形成了由国务院、文化和旅游部以及各地方政府文化主管部门负责，中央到地方分级管理的方式。成立各级机构和组织，如文化和旅游部非物质文化遗产司，中国非物质文化遗产保护中心、非物质文化遗产保护协会，以及各省（自治区、直辖市）非遗处，各市、县级非遗保护中心，逐步形成了有一定规模和体系的非遗保护队伍和适应我国非遗实际情况的管理机制，对全面开展非遗调查、认定、研究、传承、传播与宣传工作都起到了积极的作用。

2. 传统营造技艺的保护研究工作

伴随非物质文化遗产概念的普及、传统营造技艺概念的回归与建筑史学研究的深入，学界对传统营造技艺的研究逐渐增多，层次也逐渐丰富，涉及保护、传承、利用、推广等多个角度。除了对各类传统营造技艺项目、传统建筑工艺的搜集、整理、保护研究，在建筑技术史背景下对各个地区营造技术、工艺做法也予以极大关注，研究匠作系统及传承谱系，关注营造材料、工具，在研究方法上引入传播学、人类学、民俗学等的方法。成果集中于中国艺术研究院建筑艺术研究所、故宫博物院、东南大学、天津大学、同济大学、华南理工大学、北京建筑大学等诸多科研院所和大专院校，可参见表 1-2、表 1-3。

对近些年不同视角、不同对象的传统营造技艺研究工作在本书引言部分已经详述，此处不再重复，仅就中国艺术研究院建筑艺术研究所（以下简称"建研所"）开展的研究工作具体展开叙述。建研所对中国传统营造技艺的专项研究工作开展较早，利用平台优势与社会各专业机构开展相关非物质文化遗产保护的学术交流。在2007年即开展了"传统建筑营造技艺三维数据库"的建设工作，分类型、分地区选取代表性的传统建筑营造技艺项目，记录并演示结构、构造、模数关系、加工方法、建造方式、工艺流程、营造习俗、传承人等内容，通过数字多媒体技术有效地记录和全方位地展示建筑的复杂内部结构及营造工艺的所有细节，最大限度地保存营造技艺的信息。

在探寻传统营造技艺概念、源流的基础上，着力于各类型各地区的传统营造技艺研究，组织编写了"中国传统建筑营造技艺丛书"，并在此基础上以数字出版物的形式出版了"中国传统建筑营造技艺多媒体资源库"。2019年由刘托研究员主持的国家社科基金"中国传统建筑营造技艺及其价值研究"已结题通过。在记录与保存方面，建研所有计划地走访了多位业内知名的专家、工匠，对他们的传承情况进行记录。在保护研究的持续进行中，建研所在传统营造技艺保护研究中做出了许多有益的尝试，产出了丰硕的成果。

表1-2 高校及研究机构对传统建筑营造技艺相关研究成果汇总（2004年以来，不完全统计）

年份	单位名称	课题/项目名称	负责人
2004	东南大学	江苏传统建筑工艺抢救性研究	朱光亚
2004	华南理工大学	岭南民间工匠传统建筑设计法则及其应用研究	肖旻
2005	东南大学	南方发达地区传统建筑工艺抢救性研究	朱光亚
2007	东南大学	东南地区若干濒危和失传的传统建筑工艺研究	朱光亚
2007	天津大学	清代建筑哲匠样式雷世家综合研究	王其亨
2008	同济大学	传统建筑工艺遗产保护与传承的应用体系研究	李浈
2010	上海大学	云南地域化匠作体系及其营造技艺研究	宾慧中
2011	浙江工业大学	江南传统匠作系统演变与传承研究	沈黎
2011	太原理工大学	晋地宋（辽）金时期建筑营造技术地域特征研究	朱向东
2011	北京工业大学	明清官式营造技艺地方化背景下的五台山汉藏佛寺彩画研究	张昕
2012	浙江省古建筑设计研究院	古代建筑营造传统工艺科学化研究	黄滋
2012	浙江大学	闽台两岸传统大木作营造技艺及其传承研究	张玉瑜
2013	北京建筑大学	中国传统营造技艺类非物质文化遗产保护体系研究	马全宝
2013	华南理工大学	岭南古建筑技术及其源流研究	程建军
2014	天津大学	中国古代建筑营造文献整理及数据库建设	王其亨
2014	同济大学	尺系·手风·匠派·形制——泛江南地域乡土建筑营造技艺的整体性研究	李浈
2014	北京交通大学	山西传统民居营造技艺调查研究	薛林平
2015	中国艺术研究院	中国传统营造技艺及其价值研究	刘托
2015	广西艺术学院	广西壮族干栏木构建筑技艺再造价值研究	韦自力
2015	北京交通大学	滇西北民族建筑传统营造的当代变迁	潘曦
2015	山东建筑大学	山东地域民间传统营造技艺研究	
2016	北京建筑大学	基于非物质文化遗产保护的江南木构建筑营造技艺构成与类型研究	马全宝
2016	华侨大学	基于匠作体系的闽南传统建筑营造技艺研究	成丽
2016	清华大学	乡土中国行——四川藏羌地域建筑艺术保护及传承	王毅
2017	中国艺术研究院	贯木拱廊桥传统营造的文化价值研究	程霏
2017	北京交通大学	北京郊区传统建筑工匠口述史	薛林平
2017	广西师范大学	侗族传统木作营造技艺数字平台构建及推广研究	刘涛
2018	同济大学	我国地域营造谱系的传承方式及其在当代风土建筑进化中的再生途径	常青
2018	上海工程技术大学	藏族民居建筑彩画	刘芹
2019	重庆师范大学	武陵山片区少数民族特色建筑营造技艺的整理与传承研究	罗明金
2019	苏州科技大学	基于江南传统民居营造技艺的创新设计研究	荣侠
2020	华东理工大学	移民文化下闽台古村落空间形态特征与营造技艺研究	张杰
2020	海南师范大学	基于海南黎族船型屋民居传统营造技艺的创新设计研究	张引

年份	单位名称	课题/项目名称	负责人
2020	成都文物考古工作队	四川传统建筑营造工艺及其文化价值研究	赵芸

表1-3 传统营造技艺相关研究出版物汇总（21世纪以来，不完全统计）[1]

出版年份	出版物名称	作　者	出版机构
2005	《中国清代官式建筑彩画技术》	蒋广全	中国建筑工业出版社
2010	《中国传统建筑形制与工艺》	李浈	同济大学出版社
2010	《沈阳故宫木作营造技术》	朴玉顺、陈伯超	东南大学出版社
2010	《宫廷建筑彩画材料则例：营造经典集成四（宫廷藏本）》（上下二册）	张驭寰	中国建筑工业出版社
2011	《中国古建筑油作技术》	路化林	中国建筑工业出版社
2011	《中国白族传统民居营造技艺》	宾慧中	同济大学出版社
2012	《宋代官式建筑营造及其技术》	乔迅翔	同济大学出版社
2013	《清代官式建筑营造技艺》	王时伟、吴生茂	同济大学出版社
2013	《苏州香山帮建筑营造技艺》	刘托、马全宝、冯晓东	安徽科技出版社 时代出版传媒股份有限公司
2013	《徽派民居传统营造技艺》	刘托、程硕	安徽科技出版社 时代出版传媒股份有限公司
2013	《闽南民居传统营造技艺》	杨莽华、马全宝、姚洪峰	安徽科技出版社 时代出版传媒股份有限公司
2013	《闽浙地区贯木拱廊桥营造技艺》	程霏	安徽科技出版社 时代出版传媒股份有限公司
2013	《窑洞地坑院营造技艺》	王徽、杜启明、张新中、刘法贵	安徽科技出版社 时代出版传媒股份有限公司
2013	《苗族吊脚楼传统营造技艺》	张欣	安徽科技出版社 时代出版传媒股份有限公司
2013	《北京四合院传统营造技艺》	赵玉春	安徽科技出版社 时代出版传媒股份有限公司
2013	《婺州民居传统营造技艺》	黄续	安徽科技出版社 时代出版传媒股份有限公司
2013	《蒙古包营造技艺》	赵迪	安徽科技出版社 时代出版传媒股份有限公司
2013	《传统建筑园林营造技艺》	姜振鹏	中国建筑工业出版社
2015	《清宫颐和园档案：营造制作卷》	中国第一历史档案馆、北京市颐和园管理处	中华书局
2016	《苏南乡土民居传统营造技艺》	吴尧、张吉凌	中国电力出版社
2016	《中国古建筑营造技术导则》	中国民族建筑研究会，刘大可主编	中国建筑工业出版社
2016	《中国传统建筑营造技艺多媒体资源库》	中国艺术研究院建筑艺术研究所	中国建筑工业出版社
2017	《清代样式雷世家及其建筑图档研究史》	何蓓洁、王其亨	中国建筑工业出版社
2017	《江南建筑彩画研究》	纪立芳	东南大学出版社
2018	《中国明清建筑木作营造诠释》	李永革、郑晓阳	科学出版社
2018	《中国营造管理史话》	卢有杰	中国建筑工业出版社
2019	《闽南传统建筑营造技艺》	蒋钦全	中国建筑工业出版社
2020	《山西传统民居营造技艺》	薛林平	中国建筑工业出版社

3. 传统营造技艺的保护实践工作

（1）会议论坛与交流活动

2009 年 7 月，中国民族建筑研究会在北京举办了第一届"中国营造学社建社 80 周年纪念活动暨营造技术的保护与更新学术论坛"，是行业中对传统营造技艺保护关注较早的学术团体。成立于 1995 年的中国民族建筑研究会致力于收集整理中国各民族各个历史时期传统建筑文化资料，保护与研究传统营造技术、材料以及传统建筑文化艺术。至今已举办了多次以中国传统营造技术的保护、发展、传承与创新等问题为主题的学术论坛，形成了建筑遗产保护领域内对营造技术、工艺传承的连接，一定程度上也带动了更广泛层面对传统营造技艺保护的重视。

2016 年 3 月 15 日，文旅部恭王府管理中心举办了"恭王府官式古建筑营造技艺学术研讨会"，作为中国非物质文化遗产生产性保护系列活动之一，会议以非遗作为切入点，围绕以恭王府为代表的官式古建筑营造技艺的传承与保护进行了深入讨论，提出应建立优秀的传承人队伍，为保护官式古建筑营造技艺夯实基础，从而延续技艺的生命力。

2018 年 4 月在乐平举办了"神工意匠 振兴乡村——古戏台营造、木雕传承人与学者跨界对话"活动，活动由江西省文化厅主办、乐平市人民政府和江西省非物质文化遗产研究保护中心承办。本次活动为江西省第一次举办的非遗传承人与学者之间的交流活动，以此为古戏台营造技艺传承人搭建一个交流互动的平台，促进古戏台营造技艺的传承发展。

2019 年 7 月，黄山市举办了"徽派传统民居营造技艺——传统营造下的传承与实践"对话活动，邀请徽派、婺州及官式古建筑营造技艺的项目代表性传承人和相关领域的专家学者，对徽州传统民居营造技艺的保护实践进行了探讨。

2020 年 11 月，在浙江省泰顺县召开了"中国木拱桥传统营造技艺"保护传承研讨会，通过会议专家学者、非遗传承人以及闽浙相关非遗项目管理部门、保护机构工作人员共同探讨木拱桥传统营造技艺的保护传承，木拱廊桥是浙闽两省七县人民世代守护的历史积淀和重要文化传承内容，此外泰顺还设立专门的申遗机构，建立廊桥保护站，成立保护志愿者队伍和廊桥文化协会，持续举办廊桥文化旅游节、文化论坛等，并且创办了中国廊桥网（图 1-7、图 1-8）、廊桥申遗官网，开展木拱桥传统营造技艺活态传承，开启"廊桥保护立法"进程等。

（2）展示利用与宣传普及活动

传统营造技艺保护工作的最终成效有赖于全社会形成的保护意识和文化自觉。因传统营造技艺自身较为复杂，在面向公众宣传与展示的过程中尤其需要注重语言的转化和方式的多元，以确保获得良好的传播效果。针对非物质文化遗产的宣传与展示利用已有诸多探索，如各地广泛兴建非遗博物馆、非遗数字博物馆、民俗博物馆、传统技艺传习所等，以及定期举办各类非遗保护展览、博览会等活动，许多传统营造技艺项目都开展了进校园（进课堂、进教材）、进社区等活动。

2017年中北大学艺术学院主办了"晋派传承：山西砖雕艺术巡展"；清华大学建筑学院主办的"乡土中国行——四川藏羌地域建筑艺术展"，自2017年开始已在成都、长春、上海多地举办；2018年由四川美术学院主办的"重拾营造——中国传统村落民居营造工艺作品展"（图1-9），通过现场互动、交互体验、虚拟现实等技术手段，对传统民居营造工艺进行了展示；西安建筑科技大学主办的"引绳敷墨——丝绸之路陕西段建筑艺术展"已于2018、2019年分别在西安和上海举办，通过测绘

图1-7 中国廊桥网首页

图1-8 中国廊桥网廊桥数据库

图纸、实体模型、三维数字模型及建筑装置等形式展出了陕西地区建筑遗产的营造技艺、历史样貌与风格形式。

除了以展览为形式的展示宣传工作，许多运用中国传统营造技艺知识转化生成的模型、文创产品也对技艺的普及宣传产生了积极的影响，如中国艺术研究院建研所刘托研究员主持研发的"组合式仿真古建筑拼插模型"，旨在通过动手拼插，搭建模型，学习中国古建筑营造技艺知识，模型荣获文旅部创新奖，并被多次应用在传统建筑技艺进社区、进校园活动中，发挥了积极的普及传播作用。再如历代负责皇家御用琉璃烧制的国家级非遗项目京西琉璃烧制技艺，在政府的大力支持下，通过与学校和公司合作，运用技术研发与设计结合的方式，完成了多项琉璃文创产品的开发。

此外由刘托研究员担任分主编的国家出版基金资助项目"记住乡愁——留给孩子们的中国民俗文化丛书"传统营造辑 15 册已于 2020 年由黑龙江儿童出版社出版，主要面向少年儿童普及营造技艺和非遗保护知识。2021 年春节，在广西壮族自治区文化和旅游厅的积极指导和要求下，柳州市群众艺术馆推出的"木心墨魂：侗族掌墨师与木构建筑营造技艺"线上摄影展（图 1-10），以图文形式向公众介绍了侗族木构传统营造技艺的传承人、传承方式、工艺流程以及营造过程伴随的民俗活动等内容，通过 APP 和微信公共号的形式进行推广，通过摄影展使得公众对侗族木构传统营造技艺获得更深入的认识。

（3）保护实践方式的探索

传统营造技艺的特点决定了其保护工作需要将实践作为重要的保护途径。许多技艺项目的保护单位也通过持续实践积极探索保护途径。如苏州的国家级非遗代表性项目香山帮传统建筑营造技艺，其所在地政府牵头建设了"香山工坊"园林古建产业基地，综合开展项目的传承教学、展览展示、开发利用，成立香山职业培训学校对古建筑工匠进行培训。

2017 年 9 月，中央美术学院在浙江东阳设立了传统工艺工作站，也是响应传统工艺振兴计划的举措之一，通过搭建学术交流平台，开展研习实验，提升区域传统民居营造匠人的技艺水平，并且注重把传统营造技艺的保护与村落整体保护规划、村落文化生态保护结合起来。同样针对东阳传统营造技艺的，还有南京大学东方建

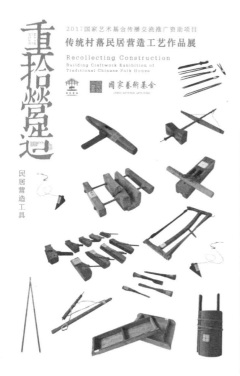

图1-9 国家艺术基金资助项目
"重拾营造——中国传统村落民居营造工艺
作品展"

图1-10 "木心墨魂:侗族掌墨师与木构建筑
营造技艺"线上摄影展,
国家级传承人杨求诗带领团队修建侗族木构民居

筑研究所与东阳三贤楼古建园林工程有限公司成立的"南京大学东方建筑研究所东
阳三贤楼教学科研基地",致力于记录、整理、研究东阳传统工匠技艺。

上文提到的"廊桥之乡"泰顺县,政府打造了泰顺廊桥文化旅游节作为乡镇文
化品牌,营建泰顺廊桥文化园作为非遗宣传展示基地,全面促进了乡村文化的发展
繁荣。安徽省黄山市的保护实践工作也较为突出,通过对传统建筑的修复,对徽派
传统民居建筑营造技艺、徽州三雕等传统营造技艺项目进行保护和传承,同时也对
区域性相关民俗、传统戏剧等非遗项目的生存空间进行了修复。

黄山市在2017年设立了故宫博物院驻安徽黄山市徽派传统工艺工作站、故宫学
院徽州分院和故宫博物院博士后工作站,定期举办展览、座谈等活动。广西壮族自
治区柳州市也在非物质文化遗产保护工作中积极推动传统营造技艺的发展。从政策、

经费、组织等方面保障非遗与扶贫的结合，组织侗族木构建筑营造技艺技能培训。为高校和传承人企业搭建合作平台，如通过依托柳州城市职业学院开设传统营造技艺课程、建立产学研基地等形式，致力于对侗族木构建筑营造技艺的研究和保护，邀请传承人在学校设立工作室，将教学活动与保护实践结合起来。

（4）技艺传承研修培训

在非遗保护的大背景下，研修培训是传承保护不可缺少的重要组成。传统营造技艺的培训主要集中在对传统营造技艺自身传承较好，有相应研究基础的单位。如故宫博物院在 2013 年举办的"官式古建筑营造技艺培训班"，其后在国家文物局的支持下 2014 年至 2019 年共举办 5 期"官式古建筑木构保护与木作营造技艺培训班"，对官式传统建筑营造技艺的传承保护起到了极大推动作用。

同时实施的 "中国非物质文化遗产传承人群研修研习培训计划"中，自 2016 到 2019 年北京建筑大学成功举办了四期"传统建筑营造技艺培训班"，促进传承人群增强文化自信、提升技艺水平和设计理念。2018 年北京大学考古文博学院举办了"中国非遗传承人群——传统民居营造研修班"，招收了来自近十个省份的 27 位非遗传承人，通过理论与实践结合的方式，提高非遗传承人群传承能力和传承水平。在国家艺术基金资助项目中也有相当数量与传统营造技艺保护培训相关的选题，如2017 年西南民族大学的"阿坝藏羌传统村落民居建筑创意设计人才培养"、2018 年武汉科技大学的"传统建筑彩画艺术传承与创新人才培养"以及吉林建筑大学的"长白山传统木居村落设计人才培养"等。此外各地区的文化主管部门与非遗保护管理部门的传统营造技艺的研培工作也取得相应的成果，如广西非物质文化遗产保护中心依托广西民族大学举办的木构建筑营造技艺传承人群培训班、浙江省文旅厅主办的"非遗传承人群传统民居营造技艺培训班"等。

1.3 本章小结

本章通过梳理我国传统营造技艺保护的缘起、整理其发展历程中的相关工作，对我国传统营造技艺保护发展的脉络进行整体性的叙述。

第一节首先介绍了非物质文化遗产视野下的传统营造技艺，通过梳理国际背景非物质文化遗产保护概念的缘起，进而对我国非遗保护的进程进行简单的介绍。而后通过对"营造"一词概念的论述对我国传统营造技艺的深刻内涵进行分析，非物质文化遗产视野下"营造"一词的回归，其背后是发展至今更加充分、宏观的大的文化遗产保护概念。并对传统营造技艺的类型进行简单划分，明确我国传统营造技艺保护的对象。

第二节分四个阶段梳理我国传统营造技艺保护的发展历程，第一阶段以20世纪初中国营造学社对传统营造技艺的保护工作为主要对象，通过对学社在营造类文献的研究、具体的保护实践、技艺的传承等方面的工作及保护思想的介绍，勾画出20世纪上半叶营造技艺保护的大致轮廓。第二阶段以新中国成立后北京文物整理委员会的保护工作为主要对象，保护工作包括各高校和研究机构对民居的大规模调查，以及修缮工作中对传统营造技艺的传承情况。第三阶段以改革开放后的保护工作为对象，此时的保护工作集中于对之前研究成果的整理和接续，除了对传统营造文献的研究，形成了多角度的研究成果，对传统营造技艺的传承也有了新的关注。最后的阶段则是21世纪以来的新篇章，尤其是2004年我国加入《保护非物质文化遗产公约》后，传统营造技艺的保护工作有了属于自己的身份和名片，掌握传统营造技艺的工匠们的地位获得认可，从国家层面上得到管理和法律的保护，传统营造技艺得到世界、学界、公众的关注，保护工作进入新的层次。此部分主要对当下传统营造技艺研究工作和保护实践工作进行相应的梳理。

以中国营造学社为主的第一批建筑学者在20世纪初期已意识到传统营造活动中工匠与技艺传承的重要性。19世纪末20世纪初经世致用学风的普及与朱启钤的从政生涯共同构成其思想的基点，去思考和关注"'考工之事'的营造学及其与'全部文化之关系'"。纵观营造学社的历程，朱启钤在此间像一位运筹的领路人，实现了其所言愿为"先驱之役，等候当世贤达闻风兴起"的愿景，其创办的营造学社作为近代中国社会首个对传统建筑营造关注、研究、保护的机构，开启了一个崭新的阶段（赖德霖，2014）。

知识分子对传统建筑营造技艺的介入改变了传统技艺和工匠群体不受知识话语重视的状况。以非物质文化遗产保护的视角去探讨传统营造技艺的保护，并非由今日而始，可以追溯至20世纪初期的一系列保护工作的生发与绵延，在当下以被国际、国家所认可、关注的身份重新进入学界与公众的视野，汇入文化遗产保护事业的发展中。

自我国加入《保护非物质文化遗产公约》，尤其是2009年"中国传统木结构营造技艺"被列入人类非物质文化遗产代表作名录后，我国的传统营造技艺保护迈入全新的阶段，逐步建立起相应的保护体系。对传统营造技艺的研究既是回归，也是新层次的开始。考察我国文化遗产保护的行进历程与非物质文化遗产保护的发展，发现二者是从"物"到"人"，"物"与"人"之间关系的研究视野的拓展，以及保护方法的充实。新视野下的保护体系，是国际文化遗产保护领域中从以物质为核心的保护迈向对人、对价值保护的表现，也是我国遗产保护领域发展过程中从"文物"到"文化遗产"保护概念的转变。

对"营造"及"营造技艺"的重新审视与研究，反映出文化遗产保护思想趋向于保护人士的进步。以非遗角度对中国传统营造技艺进行研究，开拓了建筑史学特别是营造学研究的新视野，通过对营造匠人、匠艺、相关营造活动的考察，突破了传统的文献与实物结合的史学研究局限。将建筑遗产保护与营造技艺的保护传承有机结合，有力推动了遗产整体保护思想的形成，赋予了文化遗产保护事业新的时代内涵。

社会经济的发展、对文化遗产价值认知与保护思想的深化共同促成了传统营造技艺保护的发展。对传统营造技艺自身及其发展过程的研究，以及对其研究所带来的与非遗保护、建筑遗产保护、建筑史学研究的互动，是动态持续进行的，都应被纳入研究视野之中，以求得更全面科学的观察。考察当下对传统营造技艺保护工作的研究与讨论，无论是非物质文化遗产视野下，还是建筑史、技术史视野下，对传统营造技艺的认识和保护已由点成面，得到社会各界的关注，前辈们的积累、实践、奔走呼吁在今日都得到有力的回响，在新时期非遗保护工作欣欣向荣的大环境下，传统营造技艺的保护工作必将持续向前推进。中国非物质文化遗产研究保护中心主任田青曾用"起步晚，速度快，成效大，问题多"来总结我国非物质文化遗产保护的特点，笔者认为这也是当下传统营造技艺保护体系构建中面临的问题，将在下文中展开探讨。

2

中国传统营造技艺的
保护制度研究

中国非遗保护事业迅速发展，离不开政府制度、法规、政策的建设，资金的保障与资源的投入。构建完整的保护管理制度是当下中国传统营造技艺保护发展的必经之路，涉及行政管理机构运作、法规政策及相关制度建设、保护措施等多方面的内容，需要综合多方面的保护理论、实践经验与保护成果形成支持。本章试图在非物质文化遗产保护的大背景下对我国传统营造技艺保护的管理制度进行体系化的论述和探讨，在梳理当下传统营造技艺保护管理实际情况的基础上，结合现有保护工作取得的成果、经验以及暴露出的问题，分析当下我国传统营造技艺保护管理制度在运行中存在的优势和不足，从而探讨构建更具整体性、科学性的保护体制的可能。

2003 年《保护非物质文化遗产公约》明确指出，缔约国应"采取必要措施确保其领土上的非物质文化遗产受到保护"，包括制定政策、建立主管机构、鼓励开展保护研究，同时"采取适当的法律、技术、行政和财政措施"。在 2005 年 3 月，我国发布了《关于加强我国非物质文化遗产保护工作的意见》，指出我国非遗保护的工作目标是：通过全社会的努力，逐步建立起比较完备的、有中国特色的非物质文化遗产保护制度，使我国珍贵、濒危并具有历史、文化和科学价值的非物质文化遗产得到有效保护，并得以传承和发扬。

在之后的非遗保护中，我国探索建立了一整套符合中国国情和非遗特点的管理机制和法规政策，明确了非遗资源的调查制度、四级代表性项目保护制度与四级代表性传承人认定制度。我国颁布了《中华人民共和国非物质文化遗产法》、制定了《中国传统工艺振兴计划》并开展了"中国非物质文化遗产传承人群研修研习培训计划"，积极开展联合国教科文组织非遗名录申报工作，鼓励非遗保护的研究工作。在探索保护途径中提出了整体性保护、抢救性保护、生产性保护等具有针对意义的保护实践方式，设立了国家级文化生态保护区、非遗保护专项资金。在宣传、弘扬方面，定期举办各类非遗保护的展示宣传活动，设立"文化遗产日"，促进公众整体非遗保护意识的提升。我们可以看到，非物质文化遗产保护的管理与法律法规制度在持续进行的保护实践中得到逐步的建立和充实。

在研究中国传统营造技艺保护制度建设时，主要有两个层面的协调与联动问题需要关注。

首先，我国的非物质文化遗产保护已经形成了一系列管理方式与法规制度，在保护工作持续深化，非遗保护向精准与针对性保护发展时，不能够"一个药方治百病"，需要根据不同类型的非物质文化遗产特性对症下药。因此对传统营造技艺保护制度构建问题进行研究时，在注意遵从非物质文化遗产共性的同时，也要注意协调传统营造技艺自身的多样性、复杂性与特殊性。

其次，文化遗产的保护工作建立在宏阔的文化视角、合理的管理方式、明确的保护主体、健全的制度保障等要素的整体统筹之上，需要多方力量相互配合，从而形成保护机制的良性运转。传统营造技艺与建筑遗产关系密切，互为依托，对其保护体制的研究不可避免地要与我国的文化遗产保护、建筑遗产保护体制进行联动。传统营造技艺保护制度研究的前提是对物质与非物质文化遗产的整体保护而不是对立或分离"物质"与"非物质"、"有形"与"无形"，是在现有管理机制与法规、制度体系下，试图完善实施方法和规则建设，寻求更优的保护方式与实践途径，将各机构的保护运行机制合理配合形成更强的合力，共同作用于文化遗产保护事业。

2.1 行政管理体系

2.1.1 行政管理机构的设置与运行

1. 传统营造技艺的管理机构

我国非物质文化遗产的保护管理由国务院、文化和旅游部以及各地方政府文化主管部门负责，采用中央到地方的分级管理方式（即属地化管理）。中央一级的非物质文化遗产行政机构为文化和旅游部，2009 年其下设立非物质文化遗产司（以下简称"非遗司"）（其下设置综合处、规划处、管理处、发展处、传播处），负责"拟订非物质文化遗产保护政策和规划并组织实施，组织开展非物质文化遗产保护工作，指导非物质文化遗产调查、记录、确认和建立名录，并组织非物质文化遗产研究、宣传和传播工作"。各地区的非遗保护管理工作则由各省（自治区、直辖市）、市（县）、区在文化和旅游厅（局）下设立的各级非物质文化遗产处、非物质文化遗产保护中心承担。据统计，全国已有"31 个省（自治区、直辖市）、200 多个市、1000 多个县都成立了本级非遗保护中心，全国从事非遗保护工作的专兼职人员达 2 万余人"[1]。传统营造技艺作为非物质文化遗产的类型之一，其管理工作由上述机构负责管理。

传统营造技艺自身的性质决定了其保护工作与物质实体关系密切。传统营造技艺的载体大多为建筑遗产，或被确认为不同级别的文物保护单位，或为历史建筑，散落在传统村落、历史文化街区中，它们的保护与修缮需要大量掌握传统营造技艺的专业技术人员与工匠。我国文物类建筑遗产的管理工作由文物行政部门负责，主要涉及国家文物局及各省市文物局、各地区文物行政机构，如文物保护管理所（处）等。涉及世界文化遗产事务时，由国家文物局及下设的世界遗产处与中国文化遗产研究院负责，如管理、监测建筑遗产，审核建筑遗产的保护规划、修缮工程方案，指导修缮工程的设计、施工和质量监督等。涉及各级文物保护单位时，则根据级别由各级文化行政管理部门负责。

---

[1] 李荣启：《非物质文化遗产科学保护论》，中国文联出版社 2020 年出版，第 192 页。

此外，传统营造技艺所依托的建筑实体还有一部分存在于非文物类的建筑遗产中，或被确定为历史建筑，或存在于历史文化街区或传统村落中，其管理与修缮保护同样需要传统营造技艺的参与。保护利用与其所处的自然环境、城市区域公共建设发展也无法分开，因此管理工作也涉及建设部门，即住房和城乡建设部及各省（自治区、直辖市）、市（县）、区的住房和城乡建设厅、局，同时还涉及环境部门、财政部门等，保护工作需要多部门参与，共同配合。

2.管理运作方式及存在问题

我国目前的非遗保护管理工作由文化和旅游部牵头，采用"中国非物质文化遗产保护工作部际联席会议制度"，统一协调并解决非物质文化遗产保护工作中的重大问题，由文化行政部门与各相关部门相互配合。各地区的非遗保护管理工作则由各省（自治区、直辖市）、县（市）在文化厅（局）内成立的各级非遗处及非遗保护中心承担，受当地政府管理。从文化遗产保护管理的整体工作来看，部门机构的分立一定程度上方便了行政工作的开展，但也造成了工作的分散与沟通问题，缺少整合的系统性管理机构和工作机制。作为非物质文化遗产的传统营造技艺，保护管理的实际操作中存在一定程度的"条块分割"，还有保护机制不够健全，具体执行操作权责不清、协调不力等问题。考察当下传统营造技艺保护管理工作，发现它主要存在以下几个问题。

首先，从传统营造技艺自身的管理来看，传统营造技艺的保护工作内容庞杂，除了营造技艺自身的专业性与复杂性，各营造技艺项目涵盖区域广泛、涉及少数民族众多。在保护管理工作的具体执行中，必然涉及众多部门，不仅包括文旅部门、民族事务部门、科研院所等直接负有保护职责的部门和机构，还包括教育部门、财政部门、住房和城乡建设部门、宗教事务部门、社会团体等。目前，这些有关部门和机构在保护管理问题上缺少充分的沟通，没有建立协调有效的合作机制，需要在具体操作时进行高层次的科学规划和领导，建立各部门分工明确，又协调合作、相互支持配合的工作机制，促成具有合力的良性运转模式。传统营造技艺的保护具有其自身的专业性，基层的非遗管理部门人员无法大量解决营造技艺保护中各类专业问题，也不利于推动存续发展。

其次，涉及建筑遗产的保护及修缮问题，以及运用传统营造技艺完成的复建、重建、迁建工程的管理机制问题。建筑遗产的保护与修缮需要大量掌握传统营造技艺的传承人、工匠，建筑的修缮和运用传统营造技艺进行的建造活动是传统营造匠人学习、实践、传承技艺的重要途径。从上述的管理机构情况可知，掌握传统营造技艺的工匠群体大多不在上述机构中。市场经济条件下，以"修好为目的"变成了"以盈利为目的"，势必导致营造技艺水平的降低。

2.1.2 建立健全管理机制的方向与途径

行政管理体系的建设涉及我国政治、经济等诸多层面的问题。有多位学者呼吁体制改革，在中央建立统一的管理部门对物质与非物质文化遗产进行垂直管理，以解决我国"条块分割"造成的一系列问题。还有学者提出，面对我国庞大的非物质文化遗产基数，对于管理要求较高的项目，如列入联合国教科文组织人类非物质文化遗产名录的项目、国家级项目、濒危项目，应交由中央直接管理，省市一级的则由省、市、县政府管理，同时由中央遗产管理机构进行业务指导和宏观监督[1]。笔者认为，首先垂直管理体系并非"灵丹妙药"，面对现阶段我国非遗保护发展的实际情况垂直管理也会带来新的问题，尤其是类似于传统营造技艺类型的项目保护需要所在地区相关部门的大力配合。其次，体制改革并非一朝一夕之功，在持续推进体制改革的进程中，仍有许多在当下能够改进的操作和途径可以探讨。

1. 明确管理主体，形成配合机制

首先是管理机制的建设，面对当下传统营造技艺管理主体不明确的问题，理想的状态是会同文旅部门、住房和城乡建设部门及相关机构建立整体性的传统营造技艺保护管理机制，使相关行政机构在具体工作中能够充分协调、权责分明。在现有的工作机制下，面对我国各个地区的传统营造技艺类型差异、保护情况差别较大，同时涉及少数民族民俗文化等问题，可以通过设立各省省市的二级联席会议、专家咨询决策组织等途径集中解决问题。充分调动组织传统营造技艺、建筑遗产、非物质

---

[1] 陆建松：《中国文化遗产管理的政策思考》，《东南文化》2010 年第 4 期，第 22-29 页。

文化遗产、民俗等领域的专家学者，建立传统营造技艺保护的专家咨询机制、论证决策机制和检查监督机制，对保护工作进行科学的程序规划，对保护制度与策略的制定、保护规划的拟定、开发利用进行论证，并把握传统营造技艺的价值评估、法规政策（违法追责）、管理制度（决策与审批）、保护方式等环节。同时，传统营造技艺作为非物质文化遗产中传统技艺的类型之一，除了自身的特性，也具有一般传统技艺的属性，在保护管理的过程中也应连同其他技艺类型统筹考虑。

传统营造技艺自身的复杂性，以及其作为非物质文化遗产类型之一所具有的共性，决定了传统营造技艺的保护管理工作涉及多方部门的价值判断和利益分歧，在建立合理有效的运作机制的过程中，需要反复沟通论证，协调平衡各利益主体之间的矛盾，形成共同的目标与纲领，确保管理工作符合技艺项目本身及非物质文化遗产整体发展的利益。

2. 建筑遗产保护中的灵活管理

对于归口文物部门的建筑遗产修缮与保护，归口于住房和城乡建设部门的历史建筑保护修缮、传统村落保护，以及运用传统营造技艺进行的重建、复建、迁建，在当下的管理机制下则需要灵活处理，以寻求更好的协调合作、更有效的保护管理手段。一是建筑工程企业资质的问题，以广西壮族自治区三江侗族自治县的"侗族木构建筑营造技艺"项目为例，杨似玉作为项目的国家级传承人，在 2001 年注册成立了三江县似玉楼桥工艺建筑有限公司，传承他技艺的两个儿子也在公司。但是因为没有工程资质，不能直接承接营造工程，营造工匠的利益得不到保障，这也是目前影响营造匠人们发展的极大障碍。为解决这个问题，在 2009 年修建三江风雨桥时，三江县政府也进行了探索和变通，聘请杨似玉作为总指挥，将工程拆分给当地有资质的 7 个木构建筑工程队。

二是在目前市场经济条件下，工程可采取实报实销的方式，不会因为固定的工期和工程费用而赶工或降低营造材料的质量，对实施过程中发现的新问题、新情况也能够灵活应对，可以极大保障修缮工程的质量。2016 年，故宫博物院时任院长单霁翔就曾在政协会议上提交的提案"建立故宫古建筑研究性保护机制"中提议，对于故宫修缮研究性保护项目管理，改变通过招投标程序选择文物修缮企业的机制，有倾向地选择文物修缮队伍。面对此类营造技艺的特殊工程，政府在招标时可以有意识地向掌握传统营造技艺的传承人倾斜。如在政府采购法及其条例、招标投标法及其条例等现有法律框架内，适当创新管理体制，简化审批流程，如对建筑遗产修缮中需要使用的传统营造材料自行组织采购，对工程施工的工期、监理、造价灵活组织等。解决这类问题，不仅需要文旅部非遗司、国家文物局，也需要财政部、人力资源和社会保障部等相关部门、司局共同研究探讨，积极沟通协商，从而形成联动机制。

3. 加强管理人才队伍建设

管理机构的运转、管理工作的执行都离不开专业的管理队伍，在持续完善工作机构和有效的管理机制实践的过程中，不可忽视管理机构队伍的专业化建设。目前在各级尤其是基层的非遗保护管理机构中，各个传统营造技艺的保护单位中，仍缺乏专业的非遗保护工作人员。各地文化主管部门普遍面临人员编制少、工作量大、人员流动性大的困难，离专业化、规范化的管理和保护还有一定距离。掌握非遗保护知识、传统营造技艺知识的工作人员明显不足，专业力量的薄弱不利于保护工作的开展。在具体的保护管理工作中，至少应做到有专人负责非物质文化遗产、传统营造技艺的保护工作。只有形成各级非物质文化遗产管理机构协调运转、权责明确的工作运行机制，充足可靠的专业管理队伍，才能持续有效地推进传统营造技艺保护工作不断向前。

2.2 法律法规体系

2.2.1 法律、法规政策建设的现状

1. 非物质文化遗产领域的建设情况

建立完善的法规政策体系是非物质文化遗产保护的基础和前提，也是传统营造技艺保护工作制度化、规范化的基础。本节探讨的关于传统营造技艺的法律、法规政策体系的建设包含国家法律、法规、规章、规范性文件及与之相关的一系列地方性法规政策文件。"法律是治国之重器，良法是善治之前提"[1]，我国的非物质文化遗产保护采用的是以《非遗法》为核心，配合相关法律、法规、规章与规范性文件共同组成的法规保障体系。

从时间顺序来看，最早涉及传统工艺保护的法规条例是 1997 年 5 月 20 日国务院发布的《传统工艺美术保护条例》，首次从国家层面对具有"历史悠久，技艺精湛，世代相传，有完整工艺流程，采用天然原材料制作，具有鲜明的民族风格和地方特色"的工艺、技艺的相关制度和保护措施进行了具体规定。针对非物质文化遗产的相关法规制定则是从地方率先开始。继 2000 年发布的《云南省民族民间传统文化保护条例》、2003 年发布的《贵州省民族民间文化保护条例》之后，福建省、江苏省、广西壮族自治区、浙江省等都相继制定了地区性的非物质文化遗产保护法规、规章，为《非遗法》的制定出台打下了基础。

2004 年加入《保护非物质文化遗产公约》后，我国积极履约，确保非物质文化遗产得到切实保护，在国务院办公厅、文旅部等相关部委的共同努力下，相继颁布了一系列法规政策文件。

2005 年 3 月 26 日国务院办公厅发布的《关于加强我国非物质文化遗产保护工作的意见》，是我国在国家层面出台的第一份专门针对非物质文化遗产保护工作的

---

[1]《中共中央关于全面推进依法治国若干重大问题的决定》，中国共产党第十八届中央委员会第四次全体会议，2014 年 10 月。

指导性意见，是我国非物质文化遗产保护领域一项重要的基础性政策文件。在阐述我国非物质文化遗产保护工作的目标、方针、原则的基础上，对我国非遗保护制度和工作机制的建设提出具体意见。《意见》的 3 个附件，分别是《国家级非物质文化遗产代表作申报评定暂行办法》《非物质文化遗产保护工作部际联席会议制度》《非物质文化遗产保护工作部际联席会议成员名单》。2005 年 12 月 26 日国务院下发了《关于加强文化遗产保护的通知》，第一次在法规中明确将"非物质文化遗产"与"物质文化遗产"合并表述为文化遗产。

2006 年 11 月 2 日，文化部发布了《国家级非物质文化遗产保护与管理暂行办法》；2008 年 5 月 14 日，文化部发布了《国家级非物质文化遗产项目代表性传承人认定与管理暂行办法》。在一系列保护规范条例的推动下，2011 年 2 月 25 日，《非遗法》于中华人民共和国第十一届全国人民代表大会常务委员会第十九次会议上通过，并于 2011 年 6 月 1 日起施行。

至此非物质文化遗产的法律地位得以确立，政府和相关行政单位对非遗保护的具体职责得到明确，非遗保护工作拥有了强有力的行政法律支撑。随着非遗保护工作的持续推进，地方非遗保护法规建设也不断加强，目前全国已有 30 个省级行政单位通过实施地区的《非物质文化遗产保护条例》，部分市、县出台了针对本区域的非物质文化遗产保护地方性法规，有些地方还出台了针对非遗代表性项目保护的专项法规。

此外还有诸多非遗保护相关的政策被发布。2010 年 2 月 10 日文化部印发《关于加强国家级文化生态保护区建设的指导意义》，2011 年 1 月 19 日文化部办公厅又印发《关于加强国家级文化生态保护区总体规划编制工作的通知》。生态保护区的建设中涉及多项传统营造技艺项目，对传统营造技艺的整体性保护以及区域整体的文化生态保护具有重要意义。2012 年 2 月文化部《关于加强非物质文化遗产生产性保护的指导意见》指出，加强传统技艺、传统美术和传统医药药物炮制类非遗代表性项目的生产性保护，有利于增强非遗自身活力，提高非遗传承人的传承积极性，弘扬优秀传统文化，促进文化消费，推动区域经济、社会全面协调发展。2015 年 11 月文化部联合教育部印发了《关于实施中国非物质文化遗产传承人群研修研习培训计划的通知》，推进传承人群保护素质与技能的提高。

2017年1月25日中共中央办公厅、国务院办公厅印发《关于实施中华优秀传统文化传承发展工程的意见》，同年3月，文化部、工业和信息化部、财政部三部委共同印发了《中国传统工艺振兴计划》。至此传统工艺得到国家战略层面的重视，对传统工艺的传承发展也有了相应的法规保障。2019年11月12日文化和旅游部部务会议审议通过《国家级非物质文化遗产代表性传承人认定与管理办法》，已经于2020年3月1日起施行。2020年3月宁夏回族自治区文化和旅游厅通过的《宁夏回族自治区非物质文化遗产保护管理暂行办法》，是当下针对非遗保护管理制定的专门性办法，涉及非遗保护、传承、管理、利用多方面内容。

2. 对应建筑实体领域的建设情况

与传统营造技艺不可分割的是技艺对应的建筑遗产、历史建筑以及传统村落的保护与修缮。传统营造技艺本身作为保护客体，同时有赖于建筑遗产、历史建筑等物质载体呈现，其中包含的"非物质"与"物质"的关系，应该被看作是作为法律客体的传统营造技艺与其载体的关系。从国际对文化遗产保护法规政策制定的情况看，与传统营造技艺关联的保护文件随着国际社会对非物质文化遗产的关注而逐渐出现，如《奈良真实性文件》《北京文件》《会安草案》等。

1982年11月19日，《中华人民共和国文物保护法》（以下简称《文物保护法》）在第五届全国人民代表大会常务委员会第二十五次会议上通过；1992年4月30日《中华人民共和国文物保护法实施细则》经国务院批准施行。《非遗法》中也有对接《文物保护法》的条文，明确规定"属于非物质文化遗产组成部分的实物和场所"，属于文物的，适用于《文物保护法》的相关规定，这也提示我们对于传统营造技艺的保护必然要对接建筑遗产。无论是从非物质文化遗产概念下的传统营造技艺保护来看，还是从整体的文化遗产保护角度来考量，都应将《非遗法》与《文物保护法》充分对接，只有如此，才能实现完整意义上的保护。尤其是传统营造技艺与建筑遗产本体关系密切，在非物质文化遗产的法规建设中，更需要考量传统营造技艺对应的物质载体的法规政策的建设，形成紧密联动的法规政策体系。

2012年8月22日，住房和城乡建设部等部门发布了《传统村落评价认定指标体系（试行）》，"传统营造工艺传承"作为传统村落建筑评价体系指标被明确列出，主要用于考察当下日常生活建筑的营造过程应用传统营造技艺的多少，涉及传统营造技艺中应用传统材料、传统工具和工艺的多少；采用的传统建筑形式、风格与传统风貌相协调的程度；是否具有传统禁忌等地方习俗；技术工艺水平地域性的代表程度四个方面。在传统村落承载的非物质文化遗产的评价指标体系中，更加明确考察非遗的级别、种类、连续传承时间、传承活动规模，以及是否有明确的代表性传承人及传承情况，同时考察非遗相关的仪式、传承人、材料、工艺以及其他实践活动等与村落及其周边环境的依存程度。

在 2014 年 4 月印发的《关于切实加强中国传统村落保护的指导意见》中，明确提出保护传统村落中的文化遗产，应"保护非物质文化遗产以及与其相关的实物和场所"，投入资金支持非遗项目的保护。2017 年，住房和城乡建设部在发布的《关于加强历史建筑保护与利用工作的通知》中，提出"要保护好前人留下的文化遗产，包括文物古迹、历史文化名城名镇名村、历史文化街区、历史建筑、工业遗产以及非物质文化遗产"。2021 年 1 月 18 日住房和城乡建设部发布的《关于进一步加强历史文化街区和历史建筑保护工作的通知》，则是以附件的形式明确了历史文化街区划定和历史建筑确定的标准。历史文化街区的划定标准中就涉及"保留丰富的非物质文化遗产和优秀传统文化"；在历史建筑的确定标准中，就有"代表传统建造技艺的传承"一条。

2.2.2 传统营造技艺保护的伦理原则

在非物质文化遗产及传统营造技艺保护的法规政策构建中，保护伦理是不容忽视的部分。保护伦理探讨的是一种关系问题。2015 年联合国教科文组织通过了《保护非物质文化遗产伦理原则》，表达了对非遗项目依存的社区、群体和相关个人权利的尊重。

对传统营造技艺文化内涵和传承主体的尊重应是首要的伦理原则。从群体层面上看，部分传统营造技艺的传承人并未接受过良好的教育，技艺是他们赖以生存的重要手段，在面对调查与研究群体时相对弱势。对诸如调查、访谈过程中，没有事先告知传承人的"偷录"等行为，或以学术研究或"保护"的名义泄露未经传承人允许发布的内容或信息的情况，从保护伦理角度对类似行为进行制止和谴责是十分必要的。我国当下还没有明确的法规制度对这种行为做出惩罚性的规定，只是在《非遗法》中规定对非遗调查时"应征得调查对象的同意，尊重其风俗习惯，不得损害其合法权益"。

传统营造技艺的传承人也是"普通人"，在采访或记录的过程中也要注意尊重他们的常情常感。比如有的传承人受传统思维的影响，对公开技艺等问题有所保留，这是一个普通人会有的思维逻辑，强制性要求其开口说话的采访也会适得其反。在具体的保护实践中，无论是传承主体还是保护主体，合理的角色定位才可以确保传统营造技艺项目的良性发展。从传统营造技艺传承人的内部结构看，传承人认定制度的背后是传承主体之间关系的逻辑，在政府认定制度下评选出的项目代表性传承人，一定程度上"重构了传承人与各种力量之间的结构与关系"[1]。对传统营造技艺项目的传承人来说，营造活动的完成通常依靠团队合作，需要大量掌握技艺的传承人与工匠共同配合，而能够被认定为代表性传承人则需要一系列的条件来促成，也造成了原有传承人之间关系的改变。

不过，当下对非物质文化遗产保护还有一种声音，即认为对即将消亡或是已经不被建造所需要的传统营造技艺项目不应该再耗费人力物力进行保护。笔者认为这其中也涉及保护伦理的问题。任何事物都有产生、发展直至消亡的过程，每一项传统营造技艺项目都是文化多样性的构成之一，保护工作也是动态变化的过程。

2.2.3　现有问题与解决方案

通过对现有与传统营造技艺保护相关的法律法规的梳理可以发现，传统营造技艺保护的法规政策建设具有复杂性、综合性的特点。这就需要综合相关法规政策，在非物质文化遗产保护的基础上，构建符合传统营造技艺保护特点，且具有可操作性的法规保护体系。

---

[1] 刘晓春：《非物质文化遗产传承人的若干理论与实践问题》，《思想战线》2012 第 6 期，第 53-60 页。

1. 建立配套的实施细则

立法保护是根本性的保护，有了法规政策的保护，传统营造技艺才能得到战略层面的支持。目前我国非物质文化遗产和传统营造技艺的法规政策体系构建还不够完善，对《非遗法》的研究还需增强具体的可操作性，尽快建立与其他法律的协调机制，完善《非遗法》配套的相关规范性文件和实施细则。2016 年 6 月，文化部委托中国非物质文化遗产保护中心和相关部门开展了《非遗法》的评估工作，分专家组实地评估与各省（自治区、直辖市）自评两部分进行。我国的非遗立法并不滞后，不足的是贯彻执行的力度和对策，这就需要建立配套的实施细则作为依据。

以文物保护为例，《文物保护法》自 1982 年施行已完成五次修订，配套的实施细则也跟随我国文物保护不断的发展，得到了较为完整的体系化建设。同时为对接《文物保护法》（适用于各类型文物的具体保护），国务院颁布了《古遗址古墓葬调查发掘暂行管理办法》《中华人民共和国水下文物保护管理条例》《中华人民共和国文物保护法实施条例》《长城保护条例》《风景名胜区条例》《历史文化名城名镇名村保护条例》等，各主管部门制定了《文物保护工程管理办法》《文物行政处罚程序暂行规定》《世界文化遗产保护管理办法》等，这些针对不同类型保护主体、侧重不同保护方面的法规办法都是随着《文物保护法》的实施和发展过程，在面对保护实践中具体问题的基础上逐步完善而制定的。

对传统营造技艺的保护，也需要出台配套的细则、条例对接《非遗法》《文物保护法》。如制定针对当下传统营造技艺保护实践的具体标准，形成符合非遗保护、建筑遗产保护双向的保护实践细则，既能够促进当下传统营造技艺保护实践的质量和数量提升，又能够带动非遗保护、建筑遗产保护、文物保护等多方力量共同作用于保护实践，推动其向前发展。

2. 加强专项法规的建设

传统营造技艺的保护有其自身的独特性，需要整体性的统筹规划，涉及非物质文化遗产与建筑遗产保护法规政策的多个层面。类型多样、数量众多的传统营造技艺项目，保护与传承状态各不相同。营造技艺项目涵盖地区广泛、涉及民族众多，不同项目归属地的法规政策建设情况也各不相同。目前与传统营造技艺相关的非物质文化遗产保护法规政策还处于逐渐构建、不断完善的过程中。随着分类保护的深入，必然需要针对不同属性、特质的非遗项目大类制定具有针对性的具体办法、保护规范与标准等，出台针对传统手工艺、传统营造技艺的管理办法、细则等。如对于需要精准施策的传统营造技艺保护，可以通过出台有针对性的、符合地域特征的传统营造技艺保护的专项法规政策来进行保护。

对于当下建筑遗产保护法规政策中物质与非物质分离的情况，需要实现物质文化遗产法规政策与非物质文化遗产法规政策的对接，既要避免二者保护过程中的法律空白，更要避免因法规政策中保护分工不明确造成的保护缺位。在当下的法规政策体系下，对于传统营造技艺所依托的建筑实体已被确定为文物类建筑遗产的，在依照相关文物保护法律、法规进行保护时，要注重与非遗法规的对接；没有被确认为文物类建筑遗产的，归口于住房和城乡建设部门的如历史建筑或传统历史街区、传统村落中的建筑，在根据相关法规保护时也应注重其传统营造技艺保护的要素。

目前已经有地区做出相应的实践，如 2020 年 12 月温州市通过的《温州市泰顺廊桥保护条例》，便是针对泰顺廊桥及木拱桥传统营造技艺的专项立法。该条例中融入了整体性保护思想，提出分级保护的理念，以法律的形式确认了对"泰顺廊桥及其木拱桥传统营造技艺的保护、利用和管理"。同时规定对木拱廊桥的实体与营造技艺共同保护，"采取措施，推动传承、传播木拱桥传统营造技艺"，包括"建设传承基地、体验基地；支持木拱桥传统营造技艺代表性项目传承人开展木拱桥营造实践活动，开展授徒、传艺、交流等后继人才培养活动；鼓励发掘、记录、整理、展示木拱桥传统营造技艺及其实物，出版相关书籍和音像资料"等。泰顺县对木拱廊桥的专项保护条例明确将物质与非物质、建筑实体与传统营造技艺共同纳入保护范围，起到了良好的示范作用。

法规政策的意愿通过各方力量得以传达，不然将只是停留在纸面上的愿景，因此在构建完整的传统营造技艺法律法规体系的过程中，更需要操作性强的执法标准和实施细则，需要坚定落实的力度，以及面向从业人员乃至社会整体的保护法规和保护意识的普及。

2.3 保护制度体系

2.3.1 项目申报与认定制度

1. 申报前期工作的深化

对传统营造技艺项目的调查、记录、整理等工作是项目进入非遗名录申报和认定环节之前重要的基础性工作，对申报前期相关工作的深化不仅是对传统营造技艺项目自身的责任，也将影响项目进入申报环节后具体保护工作的细化。对传统营造技艺应该持有"应保尽保"的态度，在前期的调研工作中不应掺杂过多先入为主的主观判断，应在调查之后进行梳理，通过建立档案将信息尽可能全面地保存下来。同时，对传统营造技艺项目的调查工作不能止步在一次或几次，而应持续深入、系统进行。例如20世纪五六十年代学界对传统民居营造和少数民族建筑的调研成果已成为当下许多民居类传统营造技艺项目研究的基础文献资料，不同时代的研究者所占有的资料、研究的视野都有其时代的特征，因此在当下对传统营造技艺的调研，也应该是全面展开、持续推进的状态。

考察当下对传统营造技艺的调查与记录工作发现，它采用多学科、多角度的研究方式，也激发出更新的视角和多元的成果。我国的传统营造技艺覆盖范围广、种类丰富，除了对已经列入非物质文化遗产代表性项目名单的技艺在保护过程中有组织有计划地定期调查，仍有许多没有被列入项目名单、没有得到关注的传统营造技艺有待发掘和抢救。

对调查工作的深化应建立在对已有调查成果充分利用的基础上，分类别、分地区制定符合调查对象特性的有针对性的调查工作方案。从内容上看，对传统营造技艺的调查应分为对技艺本体的调查和传承人的调查两部分。技艺本体应包含其历史信息及全部价值，技艺项目核心的传统建筑设计、构造知识，施工工艺与流程，营造材料的制备、工具制作和应用，尤其是传承人的技艺绝活和经验等，以及与技艺相关的营造民俗、匠谚口诀、术语、信仰与制度等。传承人的调查中除了对人的记录，还应注重传承人及传承团体的传承现状、传承方式、传承环境等。

此外调查中也应关注技艺存在的文化生态、社会环境与自然环境。在记录方法上除了文字、录音、录像等，应跟随发展结合新的数字化方式，从而获得全面、真实、系统的一手资料，为建立档案和数据库打下良好基础。《保护非物质文化遗产公约》明确鼓励缔约国"采取适当的法律、技术、行政和财政措施，以便建立非物质文化遗产文献机构并创造条件促进对它的利用"。考虑传统营造技艺与建筑遗产密切的关系，还应考虑进一步建立同时包含物质和非物质内容的建筑遗产数据库和档案，这也提示我们在深入调查的过程中应注重物质与非物质、建筑实体与营造技艺共同的记录，在调查方案的制定时应注重多学科的共同参与。

2. 认定机制的拓展

对传统营造技艺认定机制的拓展分为两个方面。

首先，传统营造技艺项目的认定机制。目前我国的项目认定机制中，由国务院批准国家级的非物质文化遗产代表作，由各级政府负责批准省、市、县级的非物质文化遗产代表作，并报上一级政府备案，形成了从国家到省到市再到县的四级名录体系。在对传统营造技艺项目的认定中，应广泛调动文化单位、科研机构、大专院校中传统营造技艺、非物质文化遗产、建筑遗产保护、建筑史、民俗学、人类学等方面的专家学者，对待认定的传统营造技艺项目进行科学论证。如韩国从1958年开始每年举办"全国民俗艺术演出比赛大会"（从1964年起，被改称为"全国民俗艺术欢庆"。直到现在每年都坚持举办），通过参与竞争的方式，将许多项目挖掘出来并认定为非物质文化遗产（韩国称无形文化遗产），通过这种方式考察了非遗项目的活化利用。并非我国也要模仿这种方式，而是可以通过拓宽途径使不被重视、埋藏在村野中的传统营造技艺获得关注，得到被认定的机会。

其次，传统营造技艺代表性传承人的认定机制。当下我国非物质文化遗产项目代表性传承人的遴选认定工作是根据《国家级非物质文化遗产项目代表性传承人认定与管理办法》实施的，传承人均是以个体公民为单位申报，继而以个体形式被认定。个体传承人认定方式带来的问题已被许多学者提出，如割裂了本应是一个主体的传统营造技艺项目，或造成营造技艺匠人内部的矛盾等。无论是从保护伦理还是传承保护的成效层面出发，保护工作应对传承人整体的状态予以充分关注。

传统营造技艺作为复杂劳动、分工协作的代表，在"代表性"的价值取向中，也应注重群体性的共同创造，传统营造活动有赖于各个传承人的相互配合、群体作业，在传承人的认定机制上应考虑设置集体性传承人或传承团体等形式。如邻国日本在这个问题上就有个别认定、综合认定和保持团体认定三种方式。集体性传承人的认定机制也有助于减少一定地域内的传统营造技艺割裂分离的现象，而不至于成为特定地域的非遗项目。对集体性传承人的认定与遴选制度的探索，学术界已有多位学者进行过研究。如中国艺术研究院苑利研究员曾为解决传承人生活补助金发放的问题建议根据项目传承人群不等来划分项目，将非遗项目划分为个体传承型、团体传承型、群体传承型三类。

北京师范大学萧放教授则基于非物质文化遗产所涵盖的对象不同，认为应将非遗项目划分为"单一属性"的项目和"综合性质"的项目，单一属性的项目不依赖群体合作，可以独立传承，综合性质项目则需要通过群体参与来完成。有学者提出可以在综合性非物质文化遗产项目中找出主干文化环节，然后确定其中具有组织推动力量的关键人物，将其确定为传承人。笔者认为此种方式并不适用于传统营造技艺类项目，以官式传统建筑营造技艺为例，技艺涉及木作、油作、彩画作等八大作，按传统思维木作应是上述方法中的"关键"力量，但实际操作中需要各方传承人的共同协调配合，缺少任何环节都不能称之为完整的技艺体系，只选一个有失公平，也会造成传承团队整体的失衡。在代表性传承人的评定上，目前温州市已率先尝试认定代表性传承团体和代表性传承群体。

2.3.2　完善保护名录制度建设

目前联合国教科文组织建立的非物质文化遗产名录主要有"人类非物质文化遗产代表作名录""急需保护的非物质文化遗产名录"与"优秀实践名录"。我国建立的非遗保护名录包括"代表性项目名录"和"代表性传承人名录"，以及这两个名录各自形成的国家、省、市、区（县）四级名录体系。我国的非遗名录制度在《非遗法》第十八条中给出了明确规定："国务院建立国家级非物质文化遗产代表性项目名录，将体现中华民族优秀传统文化，具有重大历史、文学、艺术、科学价值的非物质文化遗产项目列入名录予以保护。省、自治区、直辖市人民政府建立地方非物质文化遗产代表性项目名录，将本行政区域内体现中华民族优秀传统文化，具有历史、文学、艺术、科学价值的非物质文化遗产项目列入名录予以保护。"

《非遗法》在第十九至二十四条中对国家级非遗项目的推荐要求、评审程序和原则，以及公示、批准和公布都做出了明确规定。传统营造技艺的保护工作发展到今日，名录中代表作的数量已不再是保护工作首要的追求（这与发掘、整理传统营造技艺项目并不矛盾），更重要的是保护工作的精准化以及对保护成效的关注。面对我国资源丰富、数量庞大、类型多样的传统营造技艺项目，健全保护名录制度有两方面的工作。

1. 名录项目分级保护机制

首先应该对传统营造技艺代表作名录中的项目进行保护分级机制的建设。我们可以将联合国教科文组织的保护名录中"急需保护的非物质文化遗产名录"作为保护级别中的一类示例来看，所谓"急需保护"是为了抢救非遗项目、提升保护意识，对濒危的非遗代表作项目而进行的定性的措施。"中国木拱桥传统营造技艺"在2009年被列入其中，也因被划为"急需保护"而获得更多的关注，形成更广泛的保护支持。

面对保护状态不同、存续情况不一的各传统营造技艺项目，仅靠"急需保护"这一单一类别的划分方式，并不能满足整体技艺项目精准保护的工作需求。目前我国的非遗代表作名录建设中尚未依据所需保护程度对项目进行划分。分级保护机制是当下传统营造技艺保护以及非遗保护工作中急需解决的问题，而分级保护机制得以实现的途径就是通过对代表作名录中的各项传统营造技艺项目进行具体评估。评估工作根据目的不同，可采取不同的方式进行，如对项目价值的评估、保护或管理现状的评估、传承人传承情况的评估，还可以对一定时间段内的具体保护成效进行评估。通过评估获得对技艺项目具体充分的把握，将所有技艺项目一同考虑在内，分类制定保护策略、实施保护工作。

2. 推进实践名录的建设

其次应尽快推进"优秀实践名录"的设置。实践活动是传统营造技艺保护与传承至关重要的途径，持续开展的营造实践活动也是匠师能够收徒传艺的先决条件，可以说实践是传统营造技艺得以传承的动力源头，传统营造技艺的性质决定了其传承必须通过实践项目的群体协作，匠师的口传心授也需要在营造活动的过程中、氛围中进行，徒弟边看边听边学习，与师傅同吃同住同工作，耳濡目染而学到技艺的精髓。2019 年，由浙江省泰顺县推送的"木拱桥传统营造技艺"项目入选国家级非遗代表性项目优秀实践案例。长期以来，泰顺县高度重视廊桥的传承实践，同时通过修缮和复建工程持续开展活态传承实践活动，培育出 4 个建桥团队，7 位国家、省市县级传承人。这也从侧面证明分级保护的成效和意义。优秀实践案例可被看作是我国在现行的名录体系下，参考联合国教科文组织"非物质文化遗产优秀实践名录"而进行的积极探索。通过将传统营造技艺优秀实践项目纳入名录，起到示范引领作用，从而提高其他营造技艺项目的保护实践水平。

2.3.3 技艺传承机制的完善

1. 传承机制的建设

对传统营造技艺传承机制的完善是制度建设中重要的一环。实现传统营造技艺传承保护的可持续性，重要的方式之一就是确保掌握传统营造技艺的工匠及工匠队伍对其知识和技能的留存和传承传播。技艺的传承保护离不开对传承主体的保护，因此需要通过科学合理的传承机制建设，促进技艺的有效传承发展，保障传承人与传承团体的生命力，进而保障传统营造技艺项目的存续发展。

早在 2003 年联合国教科文组织就提出应对"活的人类财富"提供相应的保障和支持，如社会认可、经济保障、财政帮助等。我国政府也在 2005 年就明确提出要"建立科学有效的非物质文化遗产传承机制。对列入各级名录的非物质文化遗产代表作，可采取命名、授予称号、表彰奖励、资助扶持等方式，鼓励代表作传承人（团体）进行传习活动"[1]。在 2008 年 5 月文化部发布的《国家级非物质文化遗产项目代表性传承人认定与管理暂行办法》中，提出各级文化行政部门对代表性项目传承人的支持应包括："资助传承人的授徒传艺或教育培训活动；提供必要的传习活动场所；资助有关技艺资料的整理、出版；提供展示、宣传及其他有利于项目传承的帮助"。

2011 年施行的《非遗法》中也规定县级以上人民政府的文化主管部门应"支持非物质文化遗产代表性项目的代表性传承人开展传承、传播活动"，包括"提供必

---

[1] 国务院办公厅：《关于加强我国非物质文化遗产保护工作的意见》（国办发〔2005〕18 号），2005年 3 月 26 日。

要的传承场所；提供必要的经费资助其授徒、传艺、交流等活动，支持传承人参加社会公益性活动"。在 2019 年 12 月，文化和旅游部部务会议审议通过了《国家级非物质文化遗产代表性传承人认定与管理办法》，在第十七条中将上述措施进行了更细致的规范。在保护进程中，通过政策引导、社会传播及资金保障等多个方面的持续努力，许多传统营造技艺的传承人地位得到提高，生活得到保障，对自身技艺的荣誉感和责任感也得到加强，为其传承技艺打下了良好的基础。

如泰顺县对于"木拱桥传统营造技艺"的保护，通过建立传习所等形式为技艺传承提供平台，鼓励传承人广泛授徒传艺。在政策上泰顺县还先后出台了《泰顺县文化遗产保护办法》《泰顺县非物质文化遗产代表性传承人单位申报评定和保护办法》等文件，为廊桥传承提供制度保障，如《泰顺县文化遗产保护办法》规定对采用传统木拱桥营造技艺新造的桥梁，每座最高给予 30 万元补助；掌握木拱桥营造技艺的国家级非遗传承人和省级传承人还可被列入该县高层次人才名录，每年享受高层次人才津贴。传承工作在技艺项目保护的初期，政府的制度支持和帮助是主导的力量，但随着技艺项目保护工作的开展，不能一味地依靠政府，应调动传承主体、社会相关团体、社区公众等，形成共同支持的良性循环。

2. 资格认证与励匠机制的探索

传统营造技艺的传承主体存在的主要问题是老龄化较为严重、传承人群不足、传承梯队建设断层。这也是由多方面的因素造成的，首要因素是社会对传统营造技艺的认识不足，对营造技艺匠人的认同感较低，觉得做木匠、瓦匠不够体面，缺乏稳定的保障，也不愿让自己的孩子从事营造活动。

2019 年两会期间，全国政协委员、江苏省住房和城乡建设厅厅长周岚就提议通过多部门联动，建立"传统建筑营造匠师制度"来保障传承活动的持续推进。可以将"传统营造匠师"纳入职业资格管理范围，或考虑建立"传统营造匠师"认证制度，这就需要文旅部、住建部、人社部等部门的共同协作。其出发点是对掌握传统营造技艺的工匠们进行专业能力评定，从而建立起职业的社会认可度。

从外部力量上，可以考虑将传统营造匠师制度作为建筑遗产保护修缮以及历史文化名城、名镇、名村、传统村落保护修缮工程中的一项明确要求或规定，纳入相应的保护法规和规章中。如对文物类建筑遗产的修缮要有对传统营造匠人级别、数量的规定，对技艺精湛且具有指导、传授技艺的匠师的具体任务的规定，以此带动技艺传承体系的良性循环。在当下市场经济为价值导向的环境下，传统营造技艺匠人能拥有合理的收益和社会保障，可以一定程度上从源头动力上改变当下传承人不足的现状。传统营造技艺匠人资格的认证对工匠队伍的规范化也会有积极意义。

随着传统营造技艺保护工作的深入开展，长期不被重视的匠人群体逐渐得到广泛的关注。相关国际组织以及英国、法国、日本等国家也对技艺类项目传承的问题进行思考与研究，出台了相应的等级评定制度，建立了工匠激励机制。励匠机制建立的核心是对工匠自身及工匠队伍的积极培育，改善工匠在现有的社会环境下的生存状态，以激励的方式促进营造技艺传承环境的良性竞争。

如何形成符合我国实际情况，同时又兼顾传统营造技艺传承人特点的励匠机制？可以率先采取技艺等级评定的方式。对传统营造技艺的掌握，工匠之间必然存在熟练程度、知识范围与能力的差异，通过制定对不同工匠技术与工艺水平的具体评价方式，形成合理的判定标准和方法，可以作为励匠机制建立的基础工作。如人社部与国家文物局委托中国文化遗产研究院自 2017 年开始制定的《文物修复师职业技能标准》中，就有古建筑修复师职业标准的相关内容，将掌握古建修复技艺的工匠按不同的工种、掌握技能的水平划分为五个等级，形成可以通过考核晋升的方式。对掌握传统营造技艺的工匠也可以探索相应的评定方式，有了制度支持工匠的待遇才有相应的保障，得到认证的晋升方式也可以成为工匠对自身技艺精进的动力。

在深化传承制度的同时要注意政府力度应控制在适度的范围之内，传统营造技艺的传承有其自身的规律和实际情况。此处我们讨论的是制度化、规范化的保障性措施，而不是一刀切的处理方法。

2.3.4 保护规划编制与履约

1. 推动保护规划编制

保护规划的编制是制定发展策略、指导具体保护实践开展的重要工作。《关于加强我国非物质文化遗产保护工作的意见》中就指出"要制定非物质文化遗产保护规划，明确保护范围、保护措施和目标"。就目前的实际情况看，我国传统营造技艺项目的保护规划编制工作只是在申报书中列出 5 年保护计划的内容，其中大多和实际保护工作脱节，缺乏规范性、专业性和具体的操作性，也并未跟随保护工作的进程持续跟进，因而需要针对具体项目的保护实际编制可执行可核查的保护规划，加强保护规划工作的建设。

整体性、科学性的保护规划编制是对传统营造技艺项目保护的具体指导。如同城市建设前开展城市规划工作，建筑遗产保护实践需要保护规划编制，伴随越来越多的传统建筑营造技艺项目被列入非物质文化遗产保护范围，对项目保护规划的编制工作也应成为保护实践的起点。对于传统营造技艺项目保护规划的编制应建立在对技艺项目深入调研的基础上，结合法规政策、理论方法等研究，使保护规划成为保护工作科学合理、有计划推进的参考和保障。

2009 年，中国艺术研究院建筑艺术研究所受中国非物质文化遗产保护中心委托，承担了《贵州西江千户苗寨吊脚楼传统营造技艺保护规划》《苏州香山帮建筑营造技艺保护规划》的编制工作，是对非物质文化遗产保护领域的全新尝试和探索。保护规划的编制应涉及传统营造技艺项目的保护思想、规划原则、规划目标、保护对象、对策方法等内容。对传统营造技艺的价值、现状、传承体系、环境等内容进行专项评估和综合评估，从而划定保护级别。试列举保护规划编制的内容，具体如下。

——评估传统营造技艺项目的现状与价值；

——确定传统营造技艺项目的保护原则与策略；

——提出传统营造技艺项目的保护重点和目标；

——划定传统营造技艺项目的保护类型，制定保护要求；

——提出传统营造技艺依托本体与存续环境的保护措施；

——制定传统营造技艺项目相关宣传、展示、利用、管理、研究工作等规划建议与要求；

——编制传统营造技艺项目规划分期，制定阶段实施计划，提出实施保障依据。

2. 履约工作的核查

履约报告和核查制度也是加强非遗保护制度建设的有效措施。联合国对于加入《保护非物质文化遗产公约》的缔约国，规定缔约国应该按照确定的方式和周期，向委员会报告为"实施《保护非物质文化遗产公约》而通过的法律、规章条例或采取的其他措施的情况"。在《实施 < 保护非物质文化遗产公约 > 的业务指南》第五章也对此给出了具体解释：缔约国应在项目被批准后每 6 年定期向委员会提交关于《保护非物质文化遗产公约》实施情况的报告，报告应包括"缔约国领土上存在的列入人类非物质文化遗产代表作名录的所有非物质文化遗产项目的现状"。针对各个项目应包括：

——遗产项目的社会和文化功能；

——对其存续力及当前所面临风险（如有）的评估；

——为实现名录目标所做的贡献；

——为推广或加强该遗产项目，尤其是为实施作为列入名录后续所需措施所做的努力；

——社区、群体和个人及相关非政府组织对遗产项目保护工作的参与及其对进一步保护该遗产项目的承诺。

一定程度上人类非物质文化遗产代表作名录的公信力也来自各缔约国的履约工作，履约报告便是反映缔约国履约情况的一种手段和方式。2010 年是我国加入《保护非物质文化遗产公约》的第六年，在这一年，中国艺术研究院建筑艺术研究所作为中国传统木结构建筑营造技艺的申报单位，完成并提交了该项目的"履约报告和人类非物质文化遗产代表作名录项目情况报告"。

凡进入中国各级非物质文化遗产名录的遗产项目，其保护责任单位及传承人都有责任和义务保护和传承遗产，在申报遗产之际即意味着作出承诺，在技艺项目成为非物质文化遗产代表性项目时，就意味着接受权利和义务。凡不能按申报书中保护计划如约开展保护工作，以致遗产衰退或消亡的，文化部将会取消保护责任单位的资格，甚或将该项目从非物质文化遗产名录中移除。

2.3.5　评估制度与退出机制

1. 评估制度的建立

2014 年在文化部主办的"城镇化进程中的非物质文化遗产保护"论坛中，时任文化部副部长项兆伦就曾表示过，非物质文化遗产项目的"保护情况是需要评估的，因此要建立评估制度，对入选的非遗保护项目定期开展评估，发布评估报告，接受社会监督"。自 2009 年传统木结构建筑营造技艺被列入联合国人类非物质文化遗产名录，传统营造技艺的保护工作经过十余年的持续推进，对保护成效的关注已成为保护工作的必然要求。对保护成果进行考察，审视保护工作的得失，实施精准保护，需要通过建立科学有效的评估制度来完成。对传统营造技艺的评估应建立在其非物质文化遗产属性的基础上，同时兼顾其与建筑遗产的密切关系，在制度方法的选择上也可参考国内外较为成熟的文化遗产评估模式。

完整的传统营造技艺评估制度构建应包含对技艺本体的评估和对项目代表性传承人的评估两个大的方面，同时也应对保护管理主体、保护与利用成效等方面进行定期评估，从而形成完整的评估体系。对传统营造技艺项目本体的评估可以加深对技艺的价值认知，掌握技艺的保存与保护状况，以确定对技艺项目存续发展的状况。对技艺项目代表性传承人的评估则是通过考察传承人传承的实际情况，判断项目传承状态，继而准确开展传承工作的重要途径。对传统营造技艺项目的评估一定程度上可以防止保护工作的偏离，将评估结果反馈于传统营造技艺保护管理的策略制定上，对保护规划的制定方向做出切实的判断。

2016 年，文化部委托中国非物质文化遗产保护中心组织开展《非遗法》贯彻落实情况检查并发布《各地贯彻落实〈中华人民共和国非物质文化遗产法〉情况评估报告》。评估内容除了对《非遗法》学习、宣传、落实情况的考察，还包括对本地非遗项目的保存、保护、传承情况的评估。该评估报告是自《非遗法》颁布后，对各地执行情况实施全面评估工作的成果。

2019 年，文旅部非遗司率先在甘肃、山西、吉林、浙江、湖南 5 个省份开展试点评估工作，是我国对传承人评估工作向前迈进的一大步。2019 年 3 月，湖南省和甘肃省启动评估工作。湖南省文旅厅对全省 101 位国家级代表性传承人 2018 年进行的传承活动，采用传承人自我评估、专家实地评估、汇报总结、第三方评估等多种方式综合进行评估。甘肃省则将评估工作分为三步，首先让传承人提交自查报告，再由省级文旅厅组成评估组，对照自查报告通过听取汇报、实地走访、与传承人对谈等方式进行督查评估，最后委托兰州文理学院进行第三方评估。目前我国许多省市均相继制定了地方性的项目与传承人评估办法。

2. 退出机制的执行

2011 年 9 月，文化部在《关于加强国家级非物质文化遗产代表性项目保护管理工作的通知》中明确提出建立国家级名录项目的警告与退出机制，通知指出："国家级代表性项目因保护不力或保护措施不当，导致项目存续状况恶化或出现严重问题的，一经查实，文化部将对国家级代表性项目申报地区（单位）和项目保护单位提出警告和限期整改要求，并向社会公布。因整改不力，该国家级代表性项目状况仍未得到明显改善的，文化部将取消项目保护单位资格，收回国家级代表性项目标牌，对项目申报地区（单位）进行通报，并向社会公告。"对于不再具有活态传承特性或"自然消亡"的项目，也应更正或退出名录。

2012年10月，文化部对97个国家级非遗代表性项目保护单位进行调整，对履责不力以及没有进行有效传承工作的国家级非遗代表性项目保护单位提出批评并限期6个月整改，撤销履责不力的国家级非遗代表性项目保护单位资格。对保护单位调整、整改和资格撤销工作的进行，一定程度上"标志着文化部在对国家级非遗代表性项目的动态化管理上有了实质性开端"。退出制度的构建，使国家级非遗代表性项目做到"有进有出"。退出制度的建立同样是为了保证保护工作的成效，撤出名录的形式不应该回避，而是发挥其积极的督促与警示作用，以加大力度促使保护管理主体明确相关责任内容，将保护工作主动从"事后处理"转向实时监督和事前的监督。

除上述的制度建设之外，非物质文化遗产及传统营造技艺的保护还应注重资金及知识产权方面的制度保障。目前在政策层面对非遗项目及传承人进行资金保障和支持的文件有2009年12月16日国务院办公厅发布的《关于加强国家级非物质文化遗产保护中央补助地方专项资金使用与管理的通知》、2010年文化部办公厅发出的《关于加强国家级非物质文化遗产项目代表性传承人补助经费管理的通知》，以及2012年财政部与文化部制定的《国家非物质文化遗产保护专项资金管理办法》等。

此外地方一级如北京、天津、上海、江苏、浙江等多个省市也出台了相应的专项资金管理办法或传承人扶助办法。除了政府层面的财政支持，相关行业机构、社会公益机构也是保护资金的来源，在当下的传统营造技艺项目保护中也应得到相应的关注。虽然《非遗法》中明确要求"县级以上人民政府应当将非物质文化遗产保护、保存工作纳入本级国民经济和社会发展规划，并将保护、保存经费列入本级财政预算"，但在实际的经费分配中难免牵涉地方政府价值判断等多方面的因素，对于传统营造技艺项目来说，许多偏远地区或级别较低的技艺项目的保护资金更加缺乏，得不到相应的重视。对于价值较高需要大力保护的传统营造技艺项目可以考虑通过地方设定定向项目的方式保障资金。在保护资金分配的问题上，也应向欠发达地区有所倾斜。

2.4 本章小结

作为传统营造技艺保护体系研究的重要组成，第二章重点围绕当下非物质文化遗产视野下我国传统营造技艺的保护制度建设进行研究，从行政管理体系、法律法规体系以及保护制度体系三个方面展开。

第一节对我国非物质文化遗产与传统营造技艺相关的行政管理机构进行梳理，管理机构设置与运行方式作为保护工作中的上层构建，对保护工作有其决定性的意义。首先分析了当下涉及传统营造技艺保护相关机构的管理运作方式及存在问题，试提出建立健全管理机制的方向与途径，包括明确管理主体；涉及建筑遗产等实体保护问题时，寻求灵活的工作机制；提出加强管理队伍的专业性建设。

第二节对非遗和传统营造技艺相关的法律、法规政策建设现状进行梳理，论述分为非物质文化遗产领域以及作为传统营造技艺依托的建筑实体领域的建设情况两部分，并探讨当下传统营造技艺保护伦理问题。对法律法规建设中存在的问题，提出通过建立配套的实施细则和加强专项法规建设两方面的解决方案。

第三节对保护制度体系进行研究，在非遗保护具体制度的框架内，针对传统营造技艺保护的实际情况和存在问题，分别从项目申报与认定制度、保护名录制度、传承制度、保护规划编制与履约、评估制度与退出机制五个方面进行保护制度问题的探讨。可简单概括为以下几点。

① 明确传统营造技艺的管理主体，建立整体性的传统营造技艺管理机制；

② 加强对传统营造技艺依托的建筑实体的保护管理，形成联动保护的工作方式；

③ 加强非物质文化遗产、传统营造技艺相关机构队伍建设，尤其是基层机构的专业性建设；

④ 推进非物质文化遗产法治建设，出台针对传统营造技艺的相关管理条例或实施细则；

⑤ 形成与《文物保护法》等相关法规政策对接的整体文化遗产保护视野下的传统营造技艺保护办法或实施细则；

⑥ 推进传统营造技艺项目的发掘，深化项目申报与认定制度，建立统一的传统

营造技艺项目数据库或信息平台；

⑦ 拓展传统营造技艺项目的认定途径，探索适用于传统营造技艺等具有群体性传承特点的传承人认定与遴选机制；

⑧ 实行传统营造技艺项目的分级保护机制，推进建设保护实践名录；

⑨ 加强传承制度的建设，推进行业资格认证，探索传统营造技艺工匠群体从业资格制度建设；

⑩ 推动落实保护规划编制与项目履约制度，落实传统营造技艺项目的保护规划及配套措施；

⑪ 建立针对传统营造技艺项目本体与传承人的评估制度，通过退出机制的实行保证保护实践工作的成效；

⑫ 落实传统营造技艺项目资金保障制度。

全面、完善的制度建设是传统营造技艺保护工作得以持续推行的重要基础，也是保护工作通向新的可能性的重要途径。《关于加强我国非物质文化遗产保护工作的意见》指出我国非遗保护工作的目标是"逐步建立起比较完备的、有中国特色的非物质文化遗产保护制度"，使我国的非物质文化遗产得到有效保护、传承和发扬。目前，我国已初步建立了相应的非物质文化遗产保护制度体系，我们可以看到国家在管理机制、法规建设以及相应的配套制度上做出的尝试和推进，既参考了国际优秀的方式做法，又兼顾了我国非遗发展的实际情况，在保护制度的建设与推行过程中树立了非遗保护意识。如北京大学高丙中教授所说，非遗保护在中国不仅是一个文化项目，同时"催生了新产业和新学术，介入了美丽中国、生态文明、城市包容、特色小镇、乡村振兴、精准扶贫等国家重要议题，成为解决现代国家建设的众多问题的积极因素"。

加强制度建设，提升管理效能，构建多层次、全方位的保护制度体系将是未来一段时间内我国非遗保护与传统营造技艺保护工作的要点。传统营造技艺保护制度的搭建需要合理有效的管理机制、健全且具有执行力的法律法规体系，以及完善的保护制度形成合力，共同促成保护工作的良性循环。这就需要我们从制度上补齐短板，加强管理，回应新时期我国传统营造技艺保护工作的新要求。

在制度体系建设的同时我们也应注意，管理体系与制度建设中存在问题的解决不可能一蹴而就，需要持续不断甚至是几代人的努力，拔苗助长更容易引发系列问题。这就需要在保护实践中不断发现问题。不断调整、不断提出解决的对策。在保护制度的建设中，对于传统营造技艺保护和现代社会建设发展之间的矛盾不能二元对立，应该在整体的社会发展、文化遗产保护的视野下，对管理方式、法律法规政策以及制度建设进行讨论。

中国传统营造技艺项目评估体系研究

本章在对我国传统营造技艺项目的保护工作现状与制度梳理的基础上，针对目前保护实践中缺失的传统营造技艺项目评估体系进行构建。造成评估体系缺失的原因并不是单一的，涉及保护管理、法规建设以及人们对传统营造技艺项目的价值、现状的把握等多方面的问题，也是整体非遗保护发展中出现的阶段性问题。

　　传统营造技艺项目的评估工作是保护工作开展的首要环节，并贯穿保护工作的全过程。传统营造技艺项目的评估工作不仅仅关系到前期的申报与评审环节，评估结果也是项目保护规划制定的重要参考，保护传承、传播利用方式选择的重要依据，同时能够对项目已开展的保护实践起到监督与成果考察的作用。此外，评估工作一定程度上能够促使人们再次认识、进一步了解评估对象，形成良性互动。在当前传统营造技艺保护体系逐渐完善、保护实践持续深化的情况下，对传统营造技艺项目评估体系的研究是整体性保护体系研究的重要组成，也是指导保护实践工作的必然要求，对解决当下传统营造技艺项目保护中诸如保护规划的针对性较弱，保护工作指导性不强，保护成效难以把握等问题都有积极意义。

　　研究与搭建传统营造技艺评估体系的出发点是增强项目的生命力。传统营造技艺项目的评估工作，不能笼统地套用其他非物质文化遗产类型的评估内容或只是流于形式，要照顾传统营造技艺的一般特征，同时要考虑营造技艺传承保护的自身规律，从而建立符合我国传统营造技艺项目自身特点和存续发展实际的评估体系。完整的评估体系应包括对评估对象的价值评估、现状评估以及管理与利用状况评估，本章构建的传统营造技艺项目评估体系，强调以技艺为核心、以保护传承为目的，在借鉴当下物质与非物质文化遗产评估方式与标准的基础上，从传统营造技艺项目自身的特性出发，从项目本体评估与项目代表性传承人评估两方面完成基于专家评判标准的项目综合评估，从而指导保护实践。

3.1 传统营造技艺项目评估体系的相关阐释

3.1.1 文化遗产评估的相关研究与经验

对于文化遗产评估的研究，近年学者们已从概念的阐释、价值分析等基础理论研究发展过渡到结合我国文化遗产评估实际需求的研究与探讨。如古建筑学家晋宏逵先生在《中国文物价值观及价值评估》一文中探讨了我国文物价值观的基础与构成，提出在现有的文物价值观的基础上，还应该加入诸如文化价值、社会价值，真实性与完整性，营造技艺与文化场所等要素。关注到作为非物质文化遗产的传统营造技艺的价值，指出传统营造技艺及工具等也应成为文物价值的要素。同时进一步提出目前突出的问题便是研究"活态文物"或"活的遗产"的价值如何评估的问题。东南大学的吴美萍在她的论文中在分析文化遗产价值构成、比较多种评估方法的基础上，分析了文化遗产价值评估的构成要素，从而构建了文化遗产的价值评估体系。北京大学文化遗产保护中心孙华教授则较为全面地分析了当下文化遗产价值本质、属性、结构、类型等问题，阐述了当下遗产价值的含义，并在此基础上探讨了遗产价值评估的作用与意义。天津大学张玉坤教授、徐凌玉博士等以明长城防御体系文化遗产的价值为对象，从内在价值、可利用价值、经济价值三方面进行评估，同时关注到文化遗产的价值评估应建立在对其物质与非物质文化遗产完整认知的基础上。

在对非物质文化遗产评估的研究中，一类是针对价值评估的阐述与方式探讨，如浙江大学周恬恬的硕士学位论文《非物质文化遗产价值评估理论与方法初探》，在梳理国内外对非遗概念和价值认知的基础上，对比国内外非遗价值评估的方式与制度，分析了非遗价值评估的具体程序与方法，从而构建了相应的非遗价值评估指标体系。晋中学院副教授钱永平在《非物质文化遗产的价值评估与保护实践》一文中探讨了非遗价值体系的构成，以及价值评估过程和不同层面的价值观对后续非遗保护的影响。尹光华与彭小舟则是结合 SPSS 软件，通过定性与定量结合的方式构建了非遗价值评估的模型。另一类则是从宏观角度对非物质文化遗产评估所做的研究，如文旅部民族民间文艺发展中心的许雪莲副研究员与李松教授从非遗评估的范畴与原则切入，分析了非遗项目评估与非遗保护工作评估的标准设定，进而探讨了非遗保护评估机制的建设问题。中山大学孔庆夫博士通过对我国非遗保护中"第三方评估"实践的梳理，分析了评估工作的构成要素，并结合实际案例详述了评估方案、内容、指标设置等问题。评估涉及对政府文化管理部门与非遗对象承接方等多方面的考察，倾向于对非遗项目保护成效的评估。

　　总结当下对文化遗产评估的研究可以发现，无论是物质文化遗产还是非物质文化遗产，面向遗产价值评估的研究较多。对于非物质文化遗产评估的研究则更具宏观性，针对传统营造技艺项目评估的研究笔者还未有发现。不同的评估侧重点、不同的评估内容与目的，都决定着评估体系的构建方式。本书试图构建的是针对传统营造技艺项目的评估体系，以回应传统营造技艺保护体系研究中出现的问题，是保护体系研究的一部分。

3.1.2　构建传统营造技艺项目评估体系的意义

　　① 传统营造技艺项目评估体系是传统营造技艺保护体系研究的重要部分。在当下非物质文化遗产保护工作持续深化的情况下，构建层次完善、逻辑关系清晰的传统营造技艺项目评估体系是分类保护、精准保护的必然要求，也是传统营造技艺项目保护实践的现实需求。

　　② 传统营造技艺项目评估体系的搭建有助于深入把握营造技艺项目携带的价值、存续与发展状况。面对数量众多、类型多样、保护与存续情况不一的传统营造技艺项目，依据评估结果可以对其分类分级，按重要程度与级别合理分配保护与管理资源。对于同一个项目中不同的价值组成部分、现状情况、代表性传承人问题，依据评估结果可以有重点、有先后地合理规划保护策略，避免了项目混淆造成的笼统的保护行为，以及由此导致的不合理开发利用[1]。

---

[1] 在此需要说明的是，传统营造技艺的评估与传统营造技艺的保护实践并不存在相互制约的关系或是必然的关联性。要针对不同的传统营造技艺项目以及同一个项目中不同的要素进行相应合理的保护力度、资源的分配与互动。

③ 无论是我们对传统营造技艺的价值认知，还是技艺项目的存续、传承状况都在不断地发展变化，系统的评估工作有助于不断更新对技艺项目的认识、加强联系，反馈于保护实践，有助于共同研究、探寻更为规范化和更具针对性的保护、管理方式，同时作用于传统营造技艺项目的调查、研究、存续和利用等工作。

④ 传统营造技艺的评估工作涉及丰富的内容与广泛的参与，当前我国传统营造技艺的保护与管理工作并未形成完善的机制，保护群体中涉及不同的利益分配与价值取向。通过技艺项目评估的过程与结果，帮助保护实践中相关群体、行政管理部门、公众等更直观地意识到其权责与方向。而对传统营造技艺项目的价值、现状、代表性传承人传承能力及传承工作开展情况的判定，必然携带着非遗管理者、研究者的价值目标与传达，于是协调其与传统营造技艺的持有者、代表性项目自身利益的关系，将各方融洽关联，也是建立评估体系的重要意义之一。

此外，除了对传统营造技艺保护体系研究与技艺项目自身的意义，对传统营造技艺项目评估体系的搭建也对非物质文化遗产、建筑遗产保护工作，以及其他类型的非遗项目评估工作起到些许积极的作用。

3.2 传统营造技艺项目评估体系的构成框架

3.2.1 传统营造技艺项目评估体系的框架说明

从宏观的层面来看，完整的项目评估体系应当包含对评估对象过去、现在和未来的全面考察。从内容上看，则应涉及评估对象的价值评估、存续现状、管理现状的评估，发展及利用状况的评估等。从构成框架上看，则涉及评估目标、主客体、原则、标准、方式与流程等多方面的内容。本书构建的传统营造技艺项目评估体系，是将传统营造技艺放在非遗保护大背景下，综合考量传统营造技艺作为非物质文化遗产的特性、自身保护发展的特点及与建筑遗产不可分割的密切关系，搭建由项目本体评估（分价值评估、现状评估两部分）和代表性传承人评估组成的整体评估系统。

3.2.2 传统营造技艺项目的评估目标

明确的评估目标是构建评估体系的开端，对后续的一系列评估工作具有指向性的意义，本书试图构建的传统营造技艺项目评估体系的目标大致包括以下几点。

——明确传统营造技艺项目评估的标准、评估主客体、评估方法与流程；

——梳理并阐释传统营造技艺携带的价值类型与组成；

——设置传统营造技艺项目价值评估、现状评估及对应的代表性传承人评估三个专项评估的评估要素；

——通过评估结果划定传统营造技艺项目的保护分级分类，寻求具有针对性的保护策略。

整体来说即采用定性、定量的方法，对传统营造技艺项目中的相关要素分项进行评估，再将评估结果反馈于评估客体即技艺项目的保护工作上，从而建立起一个合理有效、操作性强的传统营造技艺项目评估模式。

3.2.3 传统营造技艺项目的评估主客体

1. 评估主体

传统营造技艺项目的评估工作，是人作为主体对技艺项目携带的遗产属性做出判断。从广义上说，人是评估实践的主体。由人主观能动的认知与判断来主导评估，传统营造技艺项目携带的价值要素、现状情况、代表性传承人的传承能力和传承工作成为评估的要素，成为可以定性定量的指标。评估体系中的各标准、指标并非独立存在，而是人作为评估主体与传统营造技艺项目作为评估客体的相互关系的产物（孙华，2019）。就评估工作的具体实施而言，评估工作主要由负责传统营造技艺项目保护的相关行政管理部门、文化机构、专业机构牵头，一般委托第三方具体操作较为公平，人员构成上还涉及传统营造技艺领域的专家、学者，以及民俗学、人类学、建筑史学、文化遗产保护、建筑遗产保护等相关领域的专家、学者，应充分考虑组建由多领域的专家和相关人士组成的评估小组完成评估。

对于评估主体的构成，浙江大学周恬恬在其硕士论文《非物质文化遗产价值评估理论与方法初探》中提出应适当加入传承人和少量当地社区居民，以增强评估工作的民主性和科学性。笔者同样认为传统营造技艺项目的传承人及所在地居民对技艺的持有与存续发展有着十分重要的意义，评估工作不应忽略他们的声音。值得注意的是，评估工作中不可避免地要面对各评估主体的主观性，评估主体不同的立场、利益、对评估客体的认知与把握，都将影响其判断。因此如何划定各类型评估主体所占比重的多少，如何在评估工作中做到公正客观是需要在实际操作时探讨的问题。

2. 评估客体

技艺项目本体及项目代表性传承人是传统营造技艺项目评估的客体。对评估客体的认知了解愈深，把握和判断愈准确，评估结果也就愈真实、有效，愈接近既定的评估目的。从评估体系的构建来看，本体评估中价值评估的主要对象是传统营造技艺项目自身携带的各类价值要素，现状评估面对的是技艺项目实际的存续情况，如保护传承、发展、宣传、资金保障等方面。代表性传承人评估针对的则是各个技艺项目的传承人及其开展的传承工作，包括项目代表性传承人授徒传艺的情况、对技艺的保存与整理情况、对技艺的宣传和交流情况等要素。

3.2.4 传统营造技艺项目的评估方式与流程

本章所构建的传统营造技艺项目评估体系由技艺项目的本体评估与代表性传承人评估两个部分组成，其中本体评估又分为价值评估与现状评估两个专项，涉及的评估内容较多，评估的整体性、综合性较强。因此设定明确的评估方式和流程对评估工作的顺利进行具有重要意义。在参考整合当下对文化遗产、非物质文化遗产、建筑遗产的评估流程和方式的相关研究后，试建立传统营造技艺项目的评估方式与流程。面对包括传统营造技艺在内的各类评估工作，评估方法的选择与评估指标体系的设计直接影响评估工作的最终成效。评估方法如调查问卷、专家评议、现场调研等，针对不同的专项评估选择适合的评估方法。指标体系则包括指标的选择及其权重系数，而评估指标的设计是依据对传统营造技艺项目价值的定性认识与对现状的实际判断，因此定量评估是建立在定性评估的基础上的，同时根据定量评估的结果又可以反过来审视定性评估中评价指标的设置，基本流程如下：

明确评估目的、主客体→确定评估标准、要素与方法→分析各专项评估指标→建立指标层次结构→实施具体评估（包括对评估材料的评定、实地考察、评估调查表等形式）→形成各专项评估结果→综合评估→根据结果反评估，调整各专项评估的要素→调整后再次评估，形成合理的评估体系。中国传统营造技艺项目评估体系如图 3-1 所示。

在传统营造技艺项目评估工作的实际操作中，应制定详细的工作方案、评估规范、实地调查方案等，在对各专项评估的指标所占权重、分值进行合理推敲的基础上，形成各专项评估的评分表。总结当下对文化遗产项目评估中指标权重设置的方法，几种常用方法如层次分析法、因子分析法、模糊综合分析法、问卷调查等，即通过定性定量的方法得出相对客观的指标权重。试列举主要的工作流程，具体如下。

——由评估组织方（或具体承担评估工作的第三方）制定评估工作方案、发布工作通知；

——由传统营造技艺项目责任方（即评估客体的保护单位）参照具体的评估内容，编制技艺项目自评报告、相关材料；

——由该技艺项目保护单位的上级单位对上报材料的完整性、真实性进行审核，提出并完成修改后，提交评估组织单位；

——由具体承担评估工作的第三方开展评估，组织相关专家通过评估材料的评阅、座谈、汇报、实地考察等多种方式开展专项评估，并由专家填写各专项评估的评分表；

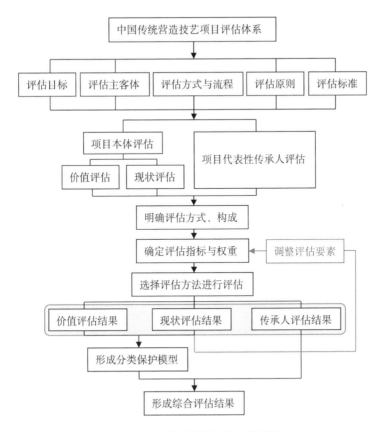

图 3-1　中国传统营造技艺项目评估体系

——将各专项评估的评估结果汇总分析，形成最终的评估结果，同时编写评估报告，上报并公布评估结果。

3.2.5　传统营造技艺项目的评估原则

传统营造技艺项目的评估原则包括以下几项。

——客观性。评估结果的客观性将直接影响保护级别的划分与保护规划的制定工作，因此应选取与传统营造技艺相关的多个领域、多个层次的人群构成评估主体，而不是"只由一类人来判断所有的问题"；在评估方式上宜综合实地调研、听取汇报、评估材料评议等多种方式进行。

——系统性。本书搭建的评估体系是针对传统营造技艺项目保护工作进行的较为综合的评估体系。传统营造技艺的性质决定了其保护工作较为复杂，评估工作需要考量的内容也比较多元，涉及不同的部门和群体、区域与民族。在具体的操作过程中应统筹实施，在各专项评估的基础上注重系统性。

——操作性。评估体系应具有较强的操作性，各个专项评估的指标，应是能得到定性或定量判断的可操作性指标，并且体系是能够跟随人们对于传统营造技艺项目的认知，跟随评估工作的推进、反馈不断调整、完善的可持续性体系。

3.2.6 传统营造技艺项目的评估标准

——代表性。技艺应被公认为一方区域、民族或一种流派的代表性做法，在某一文化中传承久远，具有鲜明的地方性特点，或是某种文化或传统的组成或见证。

——独特性。技艺能够表达某地域或民族文化的独特性，具有特殊的、创造性的文化、艺术或技术成就，或有其特殊的影响力；独特性与技艺项目是否濒危也有一定相关性。

——典型性。技艺具有典型意义，或技艺本身的体系具有范例性。

——完整性。涉及技艺整体信息的完整程度，整体形式及价值意义的情况，与生态环境的相互关系。

3.3　传统营造技艺项目本体评估

传统营造技艺项目本体评估的搭建通过价值评估与现状评估两个专项评估完成，以传统营造技艺项目的价值评估作为基础，同时对技艺项目的现状进行评估，形成综合的评估结果。

3.3.1　传统营造技艺项目的价值评估

1.传统营造技艺项目价值评估的基本概念

价值保护是文化遗产保护的重点，合理有效的价值评估也是遗产保护工作开展的基础。对于非遗视野下的各个传统营造技艺项目，保护实践中的评审、记录、阐释、保护、管理、利用等都依托对技艺项目价值的判断和把握。如晋中学院钱永平教授所说，"这一环节所确立的价值观是后续保护实践致力于维护的目标。如果我们支持文化遗产保护，就需要在非遗的价值评估上为保护奠定理论根基，识别传统文化表达形式作为文化遗产进入名录的各种正当性价值，这些价值又与哪些团体相关，如何将不同团体所持的价值观整合到文化遗产保护中，这些问题必须在文化遗产价值评估这一环节中得到切实、透彻的研究"。对于传统营造技艺的价值评估是人与技艺项目本身发生关系后产生的，"属于关系范畴而非实体范畴"（孙华，2019）。对传统营造技艺项目携带价值的认识，尤其是对其价值构成要素的提炼，可被看作是对传统营造技艺项目本身的再次认知，以深入考察其在当下社会发展中的价值意义。当然，包括传统营造技艺项目在内的各类物质与非物质文化遗产项目所携带的价值本身并不应该以大小或多少的标准来框定，对价值进行定性定量的评估是为了保护实践工作而采取的具体方式，是从诸多的价值意义中提炼、甄别出传统营造技艺项目核心的价值评判。只有对传统营造技艺项目的价值进行清晰的分析，才能在后续判断中准确地加以把握。

价值跟随时代的发展而不断变化，而且不同的认知主体对传统营造技艺的价值的判断也不尽相同。传统营造技艺的价值是复杂而多面的，既有其自身固有的价值，也有在当代社会被赋予的主观价值。联合国教科文组织在《宣布人类口头和非物质遗产代表作条例》中指出非物质文化遗产是"从历史、艺术、人种学、社会学、人类学、语言学或文学角度看，具有特殊价值的民间和传统文化表现形式"，评价非物质遗产项目的价值时应考虑"其是否有作为人类创作天才代表作的特殊价值；其是否扎根于有关社区的文化传统或文化史；其是否具有确认各民族和有关文化社区特性之手段的作用，其是否具有灵感和文化间交流之源泉以及使各民族和各社区关系接近的重要作用，其目前对有关社区是否有文化和社会影响；其是否杰出地运用了专门技能，是否发挥了技术才能；其是否具有作为一种活的文化传统之唯一见证的价值；其是否因缺乏保护和保存手段，或因迅速变革的进程、或因城市化、或因文化适应而有消失的危险"。依此我们可以建立起一系列相应的评判传统营造技艺项目价值的标准。

对于传统营造技艺项目价值的类型划分，我们可以从现有诸多学者对物质与非物质文化遗产的价值划分中得到相应的启发和判断。有的学者将遗产价值划分为社会文化价值和经济价值两类，或将非遗价值分为历时性与共时性价值。还有学者从价值来源将非遗价值划分为内在价值、主观价值、功能价值（经济、政治价值），内在价值即传统营造技艺本质的、核心的价值，构成其存在意义的基础，如历史价值、艺术价值、科学价值、情感价值等。北京大学孙华教授认为应将文化遗产划分为内在的存在价值和外在的使用价值两个大类。我国《非遗法》明确提出的价值包含具有重大历史、文学、艺术和科学价值，同时也包含了对项目真实性、整体性、传承性的重视。无论何种分类方式都是对遗产项目价值判断内在逻辑的表达。

2. 传统营造技艺项目价值评估的构成与阐释

传统营造技艺的价值构成复杂多样，既包含大量科学研究价值的学理内容，也囊括诸多社会和人文科学的内容。在综合与传统营造技艺具有关联及有启发意义的物质与非物质文化遗产的公约、法规条例等具有影响效力和较高认同度的文件基础上，综合之前学者所提出的各类划分方式，将传统营造技艺价值划分为历史价值、艺术与审美价值、科学与技术价值、社会与民俗价值、文化与精神价值五类，并对各类价值进行相应的阐释。

（1）历史价值

每项传统营造技艺都有其自身发生的历史和传承的过程。历史价值主要包括传统营造技艺项目所携带的历史信息、历史影响，同时涉及技艺的珍稀程度、原真性、技艺所依存的建筑遗产及代表作的价值与级别等问题。与建筑遗产所强调的本体性历史价值不同，传统营造技艺项目历史价值的落脚点是"符号性的历史价值"。传统营造技艺都有其产生和发展的历史条件，都带有特定的历史时期特征，能够忠实地传达给我们特定历史时期的生产发展水平、社会组织结构和生活方式、行为方式、道德习俗和思想观念等信息，帮助我们更真实、更全面地了解历史。通过对传统营造工艺的挖掘，我们可以了解到各个历史时期生产和技术发展状况；通过对工匠技艺的传承，以及对其在社会及文化传播中的地位和作用的解读，可以对当时社会关系、经济关系、文化发展的状况和变化做出相应的评估和判断。传承不断的传统营造技艺项目是仍在书写的历史，以直观生动的形象折射着历史的真实，因而具有重要而特殊的历史价值。传统营造技艺项目及其依托的建筑遗产、项目代表作共同承载着区域民众的集体记忆，保存着随着时代变化但一脉相承的民风民俗，它们与所在地的民众曾经或现在的生活相连，是珍贵的记忆载体。

（2）艺术与审美价值

传统营造技艺项目的艺术与审美价值，包括技艺具有的艺术典型性及艺术表现力，技艺蕴含的美学价值，技艺自身的艺术风格，民族性或地域性特点，当然也包括技艺对应的建筑实体的艺术价值。北京大学孙华教授认为文化遗产的艺术价值应该与当代的艺术审美、鉴赏和艺术创作结合起来，反映它对现实艺术的作用。在当下的建筑及艺术创作中，我们仍然可以从诸多传统营造技艺项目中汲取灵感和养分，对于传统营造技艺所依托的建筑遗产以及运用传统营造技艺完成的代表性作品，即便欣赏也可以从中收获审美体验。

（3）科学与技术价值

对传统营造技艺科学与技术价值的评估主要从技艺的技术水平、创造力、技艺的传播程度、技艺的技术完整程度几方面进行。对于传统营造技艺项目的科学技术价值，可以理解为"事物所具有的探求客观真理的、揭发事物发展的客观规律的用途，是指根据生产实践经验和自然科学原理发展成的能够指导人们改造世界的各种工艺操作方法与技能所具有的积极作用"(朱向东 等，2007）。中国传统营造技艺作为一个庞大的知识体系，技艺项目中除了核心的营造工艺、技术，还涉及营造材料、工具的选用、制备，以及相关的营造经验等诸多内容，不仅表现为建造、修缮、维护等，还包含防灾减灾、趋利避害的知识、技术措施。其中许多超越了时空的限制，至今仍向我们提供着具有科学价值的思想、认识、技术和方法，仍在被我们传承和使用。这些具有科学内涵的技艺、经验凝结着一代代营造工匠的智慧，包含着匠人朴素的营造科学认识，往往和传统文化、习俗融为一体，成为理性与浪漫的交织。以我国传统木结构营造技艺为例，如框架体系搭建、榫卯结合方式、材分制模数制度等，以及侧角（侧脚）、升起（生起）等提高结构稳定性的具体做法，都是结构技术价值的突出显现。此外，对于木构件长期暴露在室外造成的开裂、起翘导致构件强度降低的问题，传统匠人们除了对木材防腐方式的不断探索外，还发展出地仗的做法，以动物血液、油、麻、灰等材料形成做法讲究的独特工艺，起到保护木构件表层的作用。这些都是古代匠人对材料技术的经验做法。

（4）社会与民俗价值

从社会层面看，传统营造活动伴随着大量的仪式与信俗活动，以活态的形式成为传统营造技艺的组成，同时传统营造在活态传承的进程中客观上可以协调人与人、人与社会、人与自然的和谐关系。传统营造项目中的传统美术形式、传统工艺做法等，体现的是地域性的文化与民俗，包含着传统的传说与信仰，影响着地区民众的凝聚力、情感与身份认同。传统营造活动的成果则以代表作或建筑遗产的形式存在，其中包含大量传统道德与伦理关系的社会内容，对民族认同起到重要的作用，维系着社会共同情感体验和生活习俗，如传统北京四合院建筑，建筑营造中的单体高低、数量、群落规模大小、建筑构件及装饰的使用等都涉及传统社会等级规范、生活方式和居住者的身份意识。居住其中的人们作为社会化的动物，受到环境的影响，将其传递出的价值标准、行为规范潜移默化地转换为自己的价值观和行为准则。

传统营造技艺社会与民俗价值评估首先是对技艺所带来的民族认同感与社会影响力的价值评估，其次是对情感与精神价值（包括营造活动中由宗教信俗、营造仪式等产生的情感与精神作用）的价值评估。对社会价值的评估也应包括经济价值，如技艺项目相关的旅游开发、价值转化与潜在经济贡献，同时也应考察宗教价值以及技艺对应的代表作与建筑遗产所形成的社会与民俗价值。

（5）文化与精神价值

文化与精神价值是传统营造技艺活态传承实践的内在动力。传统营造技艺项目在漫长的发展过程中积累了不同时期、不同地域、不同民族的文化内涵，形成属于项目自身的文化与精神价值。一些文化精神价值（包括文化实用价值）较高的传统营造技艺项目，通过与社会、时代的互动，在传承过程中更容易获得普遍的认可，从而在现实中得到发展传承。传统营造项目通过持续的传播与交流，形成更广阔范围内的文化认同和影响力，获得更广阔的存续空间。

传统营造技艺携带着所在地区、民族人们的文化认知，包含着中国传统文化的价值理念，传达着文化精神，更联结着丰富的文化情感，见证了地区历史、社会生活的变迁与延续。以非物质文化遗产形态呈现的传统营造技艺项目携带着许多至今仍存续的文化模式、结构、观念等，记录着文化发展的过程、思维方式、心理结构等。对传统营造技艺文化价值的评估需要我们在对技艺项目充分理解的基础上，保持对文化要素的敏感。文化价值评估首先是对技艺项目文化内涵的考察，技艺对构建整体文化生态、文化空间的价值意义，其次是对技艺带来的文化交流与文化辐射的考察，还应考察技艺包含的民俗文化价值和学术研究价值等。

需要说明的是，以上对传统营造技艺项目价值的标准与价值类型的划分是分析与理解项目价值的途径而非"定义"。传统营造技艺项目所携带的各项价值并不是独立存在的，价值具有综合性和整体性，也具有复杂性和易变性，因而对价值的判断是动态发展的，人们对传统营造技艺的价值认知和理解也必然随着时代的进步，随着非物质文化遗产、传统营造技艺保护工作的深入而逐步深化。处于当下的我们也必然受限于大环境带来的认知和判断标准。因此传统营造技艺项目价值评估工作并非一蹴而就，是需要跟随具体保护工作的持续推进不断修正、调整、完善，发现新的问题、面对并解决新的问题。

中国传统营造技艺项目价值评估指标与具体内容，可见表3-1。

表 3-1 中国传统营造技艺项目价值评估指标与具体内容

序号	一级指标	二级指标	评估内容
1	历史价值	历史久远程度	技艺产生与传承年代
		珍稀程度	技艺的珍稀程度
		历史影响	技艺对技术史、建筑史等发展的影响
		原真性	技艺来源、传承的真实性状况
		历史信息含量	技艺包含的历史信息多寡
		对应建筑实体的价值	对应建筑实体的历史价值、级别（如世界遗产、文保单位、历史建筑、项目代表作等）
2	艺术与审美价值	艺术典型性	技艺具有的艺术典型性及艺术表现力
		美学价值	技艺蕴含的美学价值
		艺术独特性	技艺自身的艺术风格、特色，民族性或地域特点
		对应建筑实体的艺术价值	技艺对应的建筑实体的艺术价值
3	科学与技术价值	技术价值	出色地运用传统工艺和技能，具有高超的技术水平
		创造力	技艺包含丰富的创造力
		普及度	技艺传播、普及或此种技艺的覆盖范围
		完整度	技艺整体的技术、知识完整程度
4	社会与民俗价值	民族认同感	具有维系、促进民族文化认同的价值
		社会影响力	具有增强社会凝聚力、增进民族团结与社会稳定、促进文化交流的价值
		民俗文化价值	技艺中包含的民俗文化价值
		经济价值	对应建筑遗产的旅游开发、价值转化与潜在经济贡献
		对应建筑实体的社会价值	对应的代表性项目、文保单位等建筑实体
5	文化与精神价值	文化内涵	技艺所包含的文化内涵，对构建完整文化生态、文化空间的价值
		文化交流	在某段时间或某一文化区域内促进文化交流的程度（辐射程度），以及对其他技艺或门类产生的影响
		情感与精神价值	宗教信仰、情感寄托等
		研究价值	技艺中包含的学术研究价值

3.3.2 传统营造技艺项目的现状评估

1. 传统营造技艺项目现状评估的主要方式

不同于对传统营造技艺项目价值的评估，现状评估主要采用实地调研、材料评议等更综合的方式进行，从而获取更加直观、真实有效的评估信息。实地调研除了对技艺实际状态的考察，还可以通过与当地的传承人、社区民众的交流或问答形式进行，以获得更全面充分的认识。对技艺项目现状评估材料的评议采取专家评议、座谈或汇报陈述等多种方式交叉进行。值得注意的是，在具体的现状评估时不应局限于节点性的时间概念，"现状"针对的是传统营造技艺项目的当下状况，但现状既有其过去各种因素的共同作用，也包含项目可预见的未来阶段中保护与发展的规划，将其放入相对宏观的时间背景中观察或可取得更客观的评价与判断。

2. 传统营造技艺现状评估的要素构成

针对传统营造技艺项目的现状评估，拟从项目的保存现状、保护现状及存续状况三方面进行。

——第一，针对营造技艺项目本身的保存现状进行评估，主要包括（且不限于）对技艺项目保存环境的考评、对技艺本体完整程度及发展状态的考评、对技艺记录与研究状况的考评，同时应考察技艺本身的濒危程度，这既是技艺项目现实情况的组成，也是影响其后续划定保护类型的重要方面。此外，与营造技艺项目关联的建筑遗产以及运用传统营造技艺完成的代表作的保存也应成为评估要素之一。

——第二，针对传统营造技艺项目保护现状的评估，即对该技艺项目保护实践工作开展的现状进行调查。该调查应包含对项目具体保护单位实际情况的调查，如机构建设、人员构成、保护工作落实等问题的考评，以及针对技艺项目是否有具体的保护制度或方法举措，保护规划制定及落实情况，保护资金的落实与使用情况等。

——第三，针对传统营造技艺项目存续状况的评估。传统营造技艺的保护工作最终的目标应是"去保护"，是技艺项目自身的良性存续，而非一直依赖政府相关部门的帮扶。存续状况的评估即是通过对营造技艺项目在保护进程中诸如开发与转化、传承与传播、社会参与程度及影响力等问题的考察与分析，总结并判断技艺项目自身的存续状态，从而在后续的保护工作中划定类别，规划出合理的保护方案。

中国传统营造技艺项目现状评估指标与具体内容，可见表3-2。

表 3-2　中国传统营造技艺项目现状评估指标与具体内容

序号	一级指标	二级指标	评估内容
1	保存现状	保存环境	技艺项目保存的整体文化生态环境
		技艺本体现状	技艺自身完整程度以及传承流变过程中的发展情况
		记录与研究状况	技艺的记录、整理、存档与研究情况
		濒危程度	技艺存续的濒危程度
		相关建筑遗产保存现状	以此种技艺营造的建筑遗产的保存状态
2	保护现状	保护机构建设情况	是否有独立的保护机构，机构的建设情况及人员构成（如编制、年龄梯队、人员流动）等
		保护制度建设情况	是否有相应的政策支持，如保护制度建设、保护办法或实施细则的制定，以及相关落实情况
		保护规划情况	是否纳入区域整体规划（顶层设计），是否有相应的保护规划，以及保护规划的落实情况
		资金保障情况	是否有专项保护经费，资金落实与使用情况
3	存续状况	开发与转化情况	技艺的开发利用及成果转化的情况
		传承情况	技艺的传承情况，如对后续传承培养方式的考察、传承条件、场地的情况等
		传播情况	技艺传播、宣传、展示、交流与推广情况
		社会参与情况	社会关注程度、影响力、社区保护的参与程度等

3.3.3　评分方式与分类保护模型的设计

对于传统营造技艺项目本体的评估，需要对各项指标的权重与评分标准进行相应的设置，形成"中国传统营造技艺项目价值评价表"与"中国传统营造技艺项目现状评价表"。在指标选取和确定的过程中，除了综合现有技艺项目的实际情况、主流判断、专家意见等，还可以通过较为科学的统计方法进行指标的分析和修正，增强评估的科学性。本章所关注的重点是技艺项目评估体系的搭建，至于具体的评分工作，一则它并非本书研究的重点，二则评分工作的具体操作需要根据评估管理部门及组织方具体的需求和实际情况调整，因此以下着重进行思路与方法层面的论述。

以传统营造技艺项目的价值评估作为示例，本着充分挖掘技艺价值、利于评价与保护的原则，在总结、衡量现有的传统营造技艺项目的价值判断的基础上，构建了相对合理的评估指标层次结构，对各项指标进行了权重分配，并对 23 项二级指标进行了阶梯递进赋值，以便评估过程更具操作性和比较性。在实际的评估工作中，也可以先对所有评估指标的权重进行问卷评估，通过数学运算得出相对合理的权重再生成评价表。中国传统营造技艺项目价值评价表如表 3-3 所示。

表 3-3　中国传统营造技艺项目价值评价表

序号	一级指标及权重	二级指标	权重/（%）	评估内容		区间	得分
1	历史价值 20%	历史久远程度	15	技艺产生与传承年代	A 明代以前	13~15	
					B 明清时期	9~12	
					C 近代	0~8	
		珍稀程度	20	技艺的珍稀程度	A 罕见	17~20	
					B 少见	12~16	
					C 普遍	0~11	
		历史影响	15	技艺对技术史、建筑史等发展的影响	A 具有国际性影响	13~15	
					B 具有全国性影响	9~12	
					C 具有地方性影响	0~8	
		原真性	20	技艺来源、技艺传承的真实性状况	A 原真性较高	17~20	
					B 情况一般	12~16	
					C 变异或已被破坏	0~11	
		历史信息含量	15	技艺包含的历史信息多寡	A 丰富	13~15	
					B 一般	9~12	
					C 较少	0~8	
		对应建筑实体的价值	15	对应建筑实体的历史价值、级别（如世界遗产、文保单位、历史建筑、项目代表作等）	A 价值较高	13~15	
					B 价值一般	9~12	
					C 价值较低	0~8	
2	艺术与审美价值 20%	艺术典型性	25	技艺具有的艺术典型性及艺术表现力	A 较强	21~25	
					B 一般	15~20	
					C 较弱	0~14	
		美学价值	25	技艺蕴含的美学价值	A 较高	21~25	
					B 一般	15~20	
					C 较低	0~14	
		艺术独特性	25	技艺自身的艺术风格、特色，民族性或地域特点	A 较强	21~25	
					B 一般	15~20	
					C 较弱	0~14	
		对应建筑实体的艺术价值	25	技艺对应的建筑实体的艺术价值	A 较高	21~25	
					B 一般	15~20	
					C 较低	0~14	
3	科学与技术价值 20%	技术价值	25	出色地运用传统工艺和技能，具有高超的技术水平	A 较高	21~25	
					B 一般	15~20	
					C 较低	0~14	
		创造力	25	技艺包含丰富的创造力	A 较高	21~25	
					B 一般	15~20	
					C 较低	0~14	

序号	一级指标及权重	二级指标	权重/（%）	评估内容	区间	得分
3	科学与技术价值 20%	普及度	25	技艺传播、普及或此种技艺的覆盖范围	A 具有国际及全国性覆盖 21~25	
					B 大范围地区性 15~20	
					C 局部较小地区 0~14	
		完整度	25	技艺整体的技术、知识完整程度	A 较高 21~25	
					B 一般 15~20	
					C 较低 0~14	
4	社会与民俗价值 20%	民族认同感	20	具有维系、促进中华民族文化认同的价值	A 较高 17~20	
					B 一般 12~16	
					C 较低 0~11	
		社会影响力	20	具有增强社会凝聚力、增进民族团结与社会稳定、促进文化交流的价值	A 较高 17~20	
					B 一般 12~16	
					C 较低 0~11	
		民俗文化价值	20	技艺中包含的民俗文化价值	A 活态存续 17~20	
					B 完整或部分留存 12~16	
					C 濒临消亡或已消亡 0~11	
		对应建筑实体的社会价值	20	对应的代表性项目、文保单位等建筑实体	A 较高 17~20	
					B 一般 12~16	
					C 较低 0~11	
		经济价值	20	对应建筑遗产的旅游开发、价值转化与潜在经济贡献	A 较高 17~20	
					B 一般 12~16	
					C 较低 0~11	
5	文化与精神价值 20%	文化内涵	25	技艺所包含的文化内涵，对构建完整文化生态、文化空间的价值	A 较高 21~25	
					B 一般 15~20	
					C 较低 0~14	
		文化交流	25	在某段时间或某一文化区域内促进文化交流的程度（辐射程度），以及对其他技艺或门类产生的影响	A 影响较大 21~25	
					B 影响一般 15~20	
					C 影响较小 0~14	
		情感与精神价值	25	宗教信仰、情感寄托等	A 较高 21~25	
					B 一般 15~20	
					C 较低 0~14	
		研究价值	25	技艺中包含的学术研究价值	A 较高 21~25	
					B 一般 15~20	
					C 较低 0~14	

由于传统营造技艺项目各有特点，价值属性也各有偏向，将评估内容细化为A、B、C三级，在对各项指标进行区间的赋值后，通过向专家发放调查问卷进行评分，评估成绩以专家个人评分加权计算后的分数为最小统计单位，取平均值后取得该专项评估的最终得分，计分采用百分制。在对问卷进行分析计算时可适当对偏差较大的问卷进行筛选。为便于下一步保护规划、利用管理工作的进行，在实际操作中可将两个专项的评估得分划分为A、B、C三个级别，区间为0~59分的为C，60~80分的为B，81~100分的为A。通过价值评估与现状评估两个部分，交叉得出技艺项目本体评估后的保护类型。传统营造技艺项目本体分类保护模型设计示意如表3-4所示。

表3-4 传统营造技艺项目本体分类保护模型设计示意

现状评估	价值评估		
	A	B	C
C	抢救类	抢救类	保护类
B	保护类	保护类	监测类
A	研究类	研究类	监测类

对于价值评估结果较好、现状评估结果较差的传统营造技艺项目，可以划归为抢救类，进行重点保护。对于抢救类的技艺项目，应尽快确立保护方案，本着"抢救第一"的原则对项目进行全面抢救，使濒临灭绝的珍贵遗产得到有效保护。而对于价值评估结果较好、现状评估结果也较好的传统营造技艺项目，可以划归为研究类。这类技艺项目价值较高，自身的存续能力也较强，应抓住保护的实践过程，进一步收集、保存技艺项目的信息，对项目进行全面记录。同时深入开展多学科综合利用研究，引导良性的保护与传承模式。对于价值评估结果较差、现状评估结果较差的传统营造技艺，可以划归为保护类，应本着"保护为主"的原则，对遗产进行保护、记录，使其保护现状能够有所改善。对于价值评估结果较差、现状评估结果较好的传统营造技艺，可以划归为监测类，在保护实践中应注意"适度保护"，而不是拔苗助长。对于这类技艺项目应着重对技艺本身进行记录，对完整项目的档案、资料进行收集，并监测其传承情况。由于每一项传统营造技艺项目对延续历史文脉、保持自身民族的文化多样性都有不可替代的意义，我们构建评估体系、划分保护类别的目的是精准施策，形成具有针对性的保护规划和方案。

传统营造技艺项目评估工作和保护分级的核心目的是保护，而不是将有些技艺项目排除在外。历史进程中有太多因为观念变化致使遗产保护工作成效改变的实例，这提示处于当下的我们对于传统营造技艺项目无论它们能否可持续地传承，或将来可预见地只能进入博物馆，都应该率先进行保护，以便为后人研究、保护、传承、利用提供必要的条件。

3.4 传统营造技艺项目代表性传承人评估

1.传统营造技艺项目代表性传承人评估的方式

传承人是非物质文化遗产保护与传承的重点，对于人在技在的传统营造技艺项目更是如此，没有"人"的存在，技艺也会失去活态的依附走向消亡。对传统营造技艺项目代表性传承人的评估主要考察传承人的传承能力及传承工作开展情况，在评估方式上可以采取传承人自我评估、文化行政管理部门实地评估、第三方评估等方式综合进行。对项目代表性传承人的评估有助于我们分析传承工作的实际情况，通过评估结果找到更适合该技艺项目的传承途径和方向。

2.传统营造技艺项目代表性传承人评估的要素

对传统营造技艺项目代表性传承人的评估，拟从代表性传承人授徒传艺的情况，技艺实践情况，项目资料收集、整理、保存和研究情况，交流与宣传情况以及传承人自身情况五个方面进行。

第一，从宏观角度考察传统营造技艺项目代表性传承人授徒传艺的具体情况，包括传承人收徒的数量、教授技艺的频次、效果，如是否将核心技艺有效地传承给徒弟等情况，有的代表性传承人在大专院校也开设专业课程或培训课程，这也是传承技艺的重要工作。

第二，考察项目代表性传承人的技艺实践情况，包括代表性传承人运用技艺完成实践项目的频次、数量，以及参与实践项目的具体成效，如通过营造活动对技艺传承工作起到的积极作用、对技艺传承产生的实际影响等。

第三，考察代表性传承人对技艺项目资料的收集、整理、保存和研究情况，作为代表性传承人的责任的一部分，考评其对技艺相关文献、资料的搜集，做法、口诀的整理，对相关实物的保存与收集，以及对该项技艺的研究情况等。

第四，评估代表性传承人对技艺的交流与宣传情况，包括传承人参加与技艺项目相关的研讨会、座谈会等交流活动的情况，参与各级文化主管部门或行业协会等举办的培训的情况；传承人举办关于技艺项目的讲座，参加相关文化活动、知识普及等宣传性活动的情况，以及参加技艺的展示、展览等活动的情况。

第五，还需对传承人及其技艺在区域内所获得的认同程度和影响力进行考察与分析。

由于传统营造技艺操作的复杂性与较大的工作量，技艺传承工作需要匠人师傅倾注大量的心血与精力，许多师徒仍然延续同吃、同住、同工作的传统技艺传承模式。因而对于传统营造技艺代表性项目传承人的评估也应考虑技艺传承的特殊性和普遍规律。有的非遗类别评估采用的对传承人项目实施效率、完成数量、展示演示频次等问题的考评方式，并不能完全套用于传统营造技艺项目的代表性传承人评估上，可考虑适当弱化，如在权重设置时适当放低，或在专家评估时进行有倾向性的合理判断。对传承人的评估工作并不是"计件算量"，评估是对传承人自身及其传承工作开展的实际情况的考察，根本和目的是更好地传承技艺。

中国传统营造技艺项目代表性传承人评估指标与具体内容，见表 3-5。

表 3-5 中国传统营造技艺项目代表性传承人评估指标与具体内容

序号	一级指标	二级指标	评估内容
1	授徒传艺情况	授徒数量	传承人教授徒弟的数量
		授课次数	传承人教授技艺的频次
		教授徒弟的技艺情况	传授后徒弟的技艺水平、掌握核心技艺的状况
		开展非遗教学情况	传承人在学校开设的课程及培训课程等情况
2	技艺实践情况	参与实践项目的频次及数量	参加运用传统营造技艺完成的实践项目的频次、数量等情况
		参与实践项目的成效	参与的实践项目对技艺传承工作的积极作用、影响程度等情况
3	项目资料收集、整理、保存和研究情况	资料收集、整理、保存情况	对技艺资料收集、整理、保存的情况，应包括但不限于文献、做法、口诀等的搜集整理，实物的保存与收集等
		研究情况	对技艺的研究情况
4	交流与宣传情况	参加研讨会、座谈会、培训的情况	参加相关研讨会、座谈会、培训等进行交流学习的情况
		举办技艺讲座，参加文化活动、知识普及活动，参与展示、展览等活动情况	举办技艺的讲座，参加相关文化活动、知识普及活动的情况，参加对于技艺的展示、展览等相关活动的情况
5	自身情况	认同程度及影响力	传承人及其技艺在区域内的认同程度和影响力情况

3.5 本章小结

本章从当下传统营造技艺保护体系研究中项目评估体系缺失的问题切入，第一、二节首先对传统营造技艺的框架进行搭建，梳理当前国内外主流的文化遗产评估体系构建方式，以此明确传统营造技艺评估工作的目标、主客体、原则、标准、方式与流程。第三节通过对传统营造技艺项目价值评估与现状评估两部分搭建传统营造技艺项目本体评估体系。从定性的角度对传统营造技艺项目进行整体性的价值分析，梳理并筛选出价值的具体评估指标。对于传统营造技艺项目的价值、现状评估结果通过评估模型得出项目本体的分级保护策略。第四节针对传统营造技艺项目的代表性传承人进行评估，考察其授徒传艺情况，技艺实践情况，项目资料收集、整理、保存和研究情况，交流与宣传情况以及传承人自身的认同程度及影响力等。

东南大学的吴美萍博士对文化遗产的价值评估曾指出："应该构建一个综合评估和专项评估相结合、定性评估和定量评估相结合的价值评估体系，从一个系统全面的角度来阐释文化遗产，使文化遗产的保护和利用得到全方面的支持。"[1] 对传统营造技艺项目的评估有助于提升对各组评估要素的认知，增强保护意识，同时建立与之对应的传统营造技艺项目保护分类方式，从宏观层面对项目整体性保护工作进行规划。这也是本章构建传统营造技艺项目评估体系的目的和意义所在。通过对传统营造技艺项目本体和代表性传承人的评估，形成具有整体性、科学有效、操作性强的评估体系，为传统营造技艺保护体系研究的整体性工作提供依据与支撑。当然，传统营造技艺项目完整的评估体系还应包括管理评估与后续的利用情况评估，但由于二者评估的侧重点并非技艺项目本身，不是本研究论述的核心，因此不展开讨论。本章针对中国传统营造技艺项目构建评估体系，通过项目本体评估与代表性传承人评估两大部分，与第四章中国传统营造技艺本体保护的研究和第五章中国传统营造技艺传承保护的研究紧密对接，也是接下来两章中保护与传承方式研究论述的基础

---

[1] 吴美萍：《文化遗产的价值评估研究》，东南大学硕士学位论文，2006 年，第 25 页。

和依据，共同构成完整的传统营造技艺评估体系。

不可避免地，评估工作必然带有一定的主观色彩，带有评估主体不可免除的社会文化背景，不同的价值认知、阐释和利益需求。但同时评估也有其相应的客观性，评估体系中的价值判断必然应符合社会主流的价值认定，具有客观的标准和规律，与社会发展、人们需求及遗产本身的利益一致。在现状评估中要基于传统营造技艺项目存在发展的现实情况，以事实的判断为基础。本章中对于三个专项中评估指标的设置，除了对传统营造技艺项目的认识与理解，在综合现有五批国家级传统营造技艺代表性项目，以及五批与传统建筑营造相关的雕刻、造像、绘画等传统美术类国家级代表性项目的基础上，提取其具有的共同性、代表性、说服力的特征与其他必要属性。

值得注意的是，评估工作也并非一次完成就一劳永逸。无论是物质的还是非物质的文化遗产，价值被赋予的同时，也会随着时代的推移、人类思想认知的进步而不断更新、充实、变化，很多在当下不被我们重视的传统营造技艺也许会随着时间、空间的改变而重新刷新人们的价值认知。传统营造技艺的丰富内涵与活态发展决定了其价值的不断发展变化，评估主体的认知与社会环境的变化也将带来价值评估的变化。已经进行评估的传统营造技艺项目随着保护工作的推进，其保护现状和传承人的传承情况也会变化。因而评估工作就尤为重要，只有定期评估各项传统营造技艺项目的价值、存续状况以及传承人的传承能力与传承工作，对难以存续、丧失生存土壤的技艺和仍在持续应用发展的项目分级分类，才能有针对性地开展具体的保护工作。根据评估的结果不断调整保护规划与方式，发现、面对新的问题，解决新的问题，这也是传统营造技艺活态保护发展的必然要求。此外，评估体系的构建在很大程度上是传统营造技艺保护实践中价值观的构建。因此面对评估工作我们也需保持开放的态度，不断更新理念，吸收整合多元的文化内涵与价值观念。

4

中国传统营造技艺
本体保护的研究

通过第三章对传统营造技艺项目本体评估的具体研究，对项目的价值认知、保护与存续问题有了更准确的把握和判断，在此基础上，本章针对传统营造技艺本体保护实践进行具体探讨。对于非物质文化遗产的保护，《保护非物质文化遗产公约》中指出"'保护'指确保非物质文化遗产生命力的各种措施，包括这种遗产各个方面的确认、立档、研究、保存、保护、宣传、弘扬、传承（特别是通过正规和非正规教育）和振兴"。这里的第一个"保护"（safeguarding）是宏观的概念，包含全方位要素的保护，后一个"保护"（protection）则是针对具体的保护方式与途径。本章将传统营造技艺项目的本体保护作为研究对象，在梳理传统营造技艺保护主体的基础上，明确保护内容与原则，进而对传统营造技艺本体保护的途径做出理论与方法层面的具体探讨。

4.1 传统营造技艺保护的行为主体

在探讨具体的保护方式之前应先对传统营造技艺保护的主体进行明确，即传统营造技艺由谁来保护的问题。广义上的非物质文化遗产保护的主体指的是"负有保护责任、从事保护工作的国际组织、各国政府相关机构、团体和社会有关部门及个人"（王文章，2006）。具体到我国传统营造技艺保护的行为主体，则包括负有保护责任、从事保护工作的政府和各级非遗保护的管理单位、非政府的保护机构与团体，以及与传统营造技艺相关的社区、民众。各级各类保护的主体负有不同的职责，承担不同的保护责任。在具体的保护实践中，应整合社会各方面资源，实现全社会共同关注、参与和支持传统营造技艺的有效保护。

1. 传统营造技艺的保护单位

传统营造技艺项目的保护单位对技艺的保护负有直接的责任。考察目前已公布的四批国家级传统营造技艺代表性项目保护单位的类型发现，主要有政府文化行政部门下的公共文化机构与非物质文化遗产保护中心、公司、社会团体、文保所、研究机构几大类（图 4-1）。[1] 其中，由项目所在地的公共文化机构作为保护单位的情况较为普遍，包括博物馆、文化馆、群众艺术馆等，占有很大比例，如"官式古建筑营造技艺"项目的保护单位故宫博物院、"庐陵传统民居营造技艺"项目的保护单位泰和县文化馆、"古戏台营造技艺"项目的保护单位乐平市文化馆等。由申报地区的非物质文化遗产保护中心作为保护单位的共 10 个子项，如"土家族吊脚楼营造技艺"的两个子项就分别由项目所在地永顺县非物质文化遗产保护中心与石柱土家族自治县非物质文化遗产保护中心作为保护单位[2]。技艺项目对应的公司次之，占比小，如"香山帮传统建筑营造技艺"项目的保护单位苏州香山工坊建设投资发展有限公司、"苏州御窑金砖制作技艺"的保护单位苏州陆慕御窑金砖厂。较为特殊的有"婺州传统民居营造技艺"子项之一"浦江郑义门营造技艺"的保护单位浦江县文物保护管理所（浦江县郑义门文物保护管理所）、"石桥营造技艺"项目的保护单位绍兴市科协主管下的社会团体"绍兴市古桥学会"。

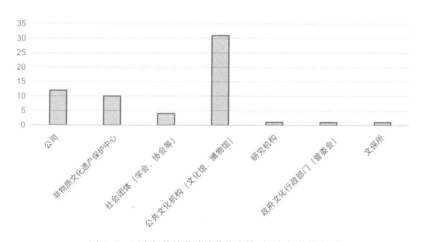

图 4-1　国家级传统营造技艺代表性项目保护单位类型

[1] 统计四批现有的 32 项（60 个子项）国家级传统营造技艺代表性项目，不包含传统美术类型中与营造技艺相关的项目，第五批国家级传统营造技艺项目并未公布具体保护单位，并未计入统计中。
[2] 较为特殊的一项是南靖县的"客家土楼营造技艺"子项，保护单位为南靖县土楼管理委员会，按其性质也归为政府文化行政部门的类型。

从传统营造技艺保护的实践来看，传统营造技艺的保护具有其自身的专业性，掌握营造技艺的传承人大多在古建公司或各地的文物保护所，但当前主要由所在地文化馆、博物馆、非遗保护中心作为传统营造技艺保护单位，这些基层的非遗管理部门人员无法大量承担营造技艺保护中各类专业问题，在具体的保护实践中对传统营造技艺的针对性不强，并不利于营造技艺项目的存续发展，同样作为公共文化机构的故宫博物院的传承与保护模式也较难复制到各个项目。从保护单位的性质来看，目前传统营造技艺的保护单位多为由所在地文化管理部门设置的保护机构，会造成保护与管理部门身份重合的问题，无法形成有效的评估与监督机制。

2. 行业保护团体与机构

非政府性质的保护团体与机构，是传统营造技艺保护工作重要的专业力量。目前涉及中国传统营造技艺研究和保护的团体与机构，有中国民族建筑研究会、中国建筑学会建筑史学分会、中国文物学会、中国建筑文化研究会、中国建设劳动学会、苏州香山帮营造协会、江西省乐平市古建商会、北京文化遗产保护中心等。这些机构依托自身专业力量均组织开展了一些有关传统营造技艺保护的工作，如中国民族建筑研究会下设的"民居建筑专业委员会"和"遗产保护专业委员会"，在地方设立的"苏州民族建筑学会""内蒙古民族建筑研究会"等社团，中国文物学会下设的"传统建筑园林委员会"。这些由行业自发组织的保护机构、团体为传统营造技艺的保护提供了极大的智力支持，包括对传统营造技艺相关理论的研究，会议、论坛活动的举办，古建营造技术等方面培训的组织开展，对传统营造技艺保护工作开展起到了促进作用。

3. 传统营造技艺的持有者

除了负有直接责任的保护单位、非政府性质的行业保护团体与机构，传统营造技艺保护的主体还包括技艺的持有者。从法律意义上讲，传统营造技艺的传承人与传承群体是技艺的持有者，他们掌握核心技艺，是保护行为最直接的实践者、创造者，是保护发展中重要的力量之一。有的研究将传承人和传承群体限定在传承主体上，笔者认为传承人与传承群体既是传承活动的主体，同样也是保护行为的主体，我们所探讨的宏观意义上的保护行为，不应否认传承也是保护的方式之一，不应将二者分离。从更宽泛的角度来看，传统营造技艺的持有者还包含广义上的与技艺相关的社区和公众，他们虽然并非技艺的直接持有者，并不掌握核心的工艺技术，但仍是传统营造技艺保护实践中不可缺少的行为主体。技艺的保护必须走进社区、走进现代生活，融入以生活为载体的保护实践，因而对传统营造技艺的保护不应局限在代表性传承人和传承群体中，而是依赖更大范围的群体。

从技艺保护的行为主体的整体看，政府机构主导在营造技艺项目保护的初期必然发挥引导的作用，而保护的最终目的是传统营造技艺项目自我的良性循环，因此非政府性质的行业团体和机构以及技艺项目所在的社区及公众的力量是保护工作进入轨道后的阶段化必然要求。应该着力提高技艺项目所在的社区及公众的主动性和参与度，调动各方力量的积极性，形成整体性的广泛参与。

4.2 传统营造技艺本体保护的内容与原则

4.2.1 传统营造技艺本体保护的内容

在明确"谁来保护"的问题后，还需要对传统营造技艺保护的具体内容即"保护什么"的问题进行梳理。对于传统营造技艺本体保护，除了核心的营造思想、建造工艺等，运用技艺所仰赖的营造材料、工具等也是保护的重点，同时还应关注营造技艺存在的整体文化生态的保护。同济大学的李浈教授将传统营造技艺的内容分为"匠意""匠技""形制"三个方面。"匠意"主要指营造技艺包含的营造思想、理念以及营造知识等，是统筹营造活动的设计思路。"匠技"包括具体营造手法、技艺等，不同类型的传统营造技艺项目各有自己的施工做法和工艺特征，"匠技"是传统营造技艺项目最具属性特点的内容构成。"形制"是建筑本体的表现形式，同时其布局也代表了一定的等级制度、使用秩序、文化习俗等[1]。概括来说，传统营造技艺本体保护的内容包括以下方面。

——传统营造技艺本体的历史信息及全部价值，包括技艺项目包含的传统建筑设计、构造知识、施工技能、营造材料与工具应用。

——与传统营造技艺相关的营造民俗、匠谚口诀及制度等建筑文化。

——传统营造技艺项目存在的文化生态、历史信息，包括与技艺相关的社会环境与自然环境。

——传统营造技艺所依托的建筑遗产、历史建筑等的相关信息。

4.2.2 传统营造技艺的保护原则

对于非物质文化遗产的保护，我国《非遗法》指出："保护非物质文化遗产，应当注重其真实性、整体性和传承性，有利于增强中华民族的文化认同，有利于维

---

[1] 李浈，吕颖琦：《南方乡土营造技艺整体性研究中的几个关键问题》，《南方建筑》2018 年第 6 期，第 51-55 页。

护国家统一和民族团结，有利于促进社会和谐和可持续发展。"目前对传统营造技艺保护原则的探讨，主要的争议集中于对真实性概念的辨析，有的学者认为2003年的《保护非物质文化遗产公约》并未对非物质文化遗产的真实性做出明确的要求，而2005年的《保护非物质文化遗产的伦理原则》也明确说明真实性不应成为非遗保护的担忧和障碍。笔者认为应将传统营造技艺的真实性与以物质为保护本体的传统概念上的真实性区别开来。下面将针对传统营造技艺保护的真实性、整体性和传承性原则分别进行论述。

1. 传统营造技艺保护的真实性原则

无论是物质文化遗产还是传统营造技艺归属的非物质文化遗产，对"真实性"的讨论是当下遗产保护领域共同的议题。非物质文化遗产的"真实性"与1972年《保护世界文化和自然遗产公约》中提出的"真实性"有不同的内涵与侧重点。作为非物质文化遗产的传统营造技艺，其真实性也不同于注重物质本体的建筑遗产的真实性，强调的是一种活态的文化意义上的真实。

对文化遗产真实性的探讨应将其放在所属的文化背景中去考虑，而不是局限于既定的价值观框架内。如第3章对价值问题的探讨，我们无法以一个绝对的标准对营造技艺的价值进行判断，也不能以固定的标准框架来探讨传统营造技艺的真实性。2004年10月在日本奈良召开了"保护物质和非物质文化遗产：整体方法"国际会议，会议发表的《保护物质和非物质文化遗产的整体方法的大和宣言》中指出"由于非物质文化遗产在不断地被再创造，适用于物质文化遗产的'真实性'不适用于对非物质文化遗产的确认和保护"。其后2005年的《会安草案》进一步对亚洲背景下诠释和评判真实性问题作出探讨。真实性概念具有极强的文化相对性，东西方在真实性问题上的判断是十分不同的，如东南大学朱光亚教授所说，东方常将"善"作为衡量真实性的前提条件。朱光亚先生曾以北宋画家李公麟的《西园雅集图》为例阐释历史的真实性与文化的真实性（《西园雅集图》所描绘的场景并不真实存在，但这种"虽然不符合历史事件全部真实性，但是反映了历史事件部分真实性且适应了某种社会需求的做法至今不曾断绝"）。

在亚洲的文化背景和认知下，许多文化遗产的保护中都融入了亚洲人特有的抽象思维和玄学性质的概念。例如邻国日本对建筑遗产的周期性造替传统，伊势神宫至今已经进行过 62 次造替，围绕式年迁宫所进行的各种传统活动都带有极强的非物质文化遗产属性。又如《会安草案》中所强调的。"不能过分强调某一资源的材料或实体物质的真实性，因为在活文化的环境里，物质性组成要素的缺失并不代表一个现象没有存在过。在很多活文化传统中，实际上发生过什么，比材料构成本身更能体现一个遗址的真实性"。而且即便只针对建筑遗产保护的真实性来讨论，经过漫长的历史和多次修缮后，屋面瓦件、抹灰油饰、彩画装饰，都是"只有符号性历史价值的元素"（陆地，2021），但它们同样具有"文化史的真实性"。

对传统营造技艺真实性尺度的把握和判断是本体保护实践中十分重要的原则与问题。非物质文化遗产专家刘魁立先生认为，"基质本真性"是非遗生命延续的真髓和灵魂，传统营造技艺的真实性，是保持其基本性质、功能、结构、价值的相对真实。笔者认为对传统营造技艺的真实性概括主要应把握作者的真实性、传承的真实性及实践的真实性三个方面。首先需要明确的是传统营造技艺只有在持续的实践中才能得以保存，如果技艺不允许"复制"，则必然走向消亡，应考虑以恰当的方式允许有助于技艺传承形式的"复制"。而营造活动是建立在技艺持有者个体劳动基础上的真实，并非大工业生产的机械复制，是工匠们通过工具完成的"无间"的手工劳动，技艺在身所形成的身心合一的劳动状态，植入了其主体的情感和创造，是匠人们主体意识的发挥，是在"动手"的劳动时空中形成"千人千品、万人万象"的真实的创作。[1] 其次是传承的真实性，传统营造技艺在活态流变的过程中传承发展，不可避免地因匠人匠艺的传承、环境与时代的变化而创新发展。技艺由师傅传授给徒弟后可以视为进入新的具有能动性的个体手中，其变化与发展亦是在对技艺传统的坚守中生发出来的，传承的真实性已经完成。因而对技艺真实性的判断并不是反对变化，而是在承认流变、发展的必然性和技艺自身传承变化规律的基础上，对技艺本身性质、功能、文化内涵等没有失去其原有性质的判断。在传统营造技艺的保护中绝对化地追求"一成不变"与"原汁原味"是不符合技艺保护发展规律的。传统营造技艺的"传统"并不意味着排斥科学，相反，在传统营造技艺可持续发展的

---

[1] 吕品田：《动手有功——文化哲学视野中的手工劳动》，重庆大学出版社，2014 年。

进程中，与科技的结合是传统营造技艺保护实践的必然。半手工半机械化的生产方式不是影响真实性价值本质的关键，一味将传统营造技艺定位于原始性的手工生产不符合现实发展规律，也容易将传统营造技艺引入固步自封的不良局面。

传统营造技艺作为代代相传的活态性遗产，如果不能准确把握传统营造技艺的真实性，真正理解其活态真实的内涵，在保护实践中则会使技艺项目丧失生命力而走入固化 [1]。保护实践的重点应是把握以上三方面的真实性，协调传统营造技艺真实性与现代化之间的矛盾。

2. 传统营造技艺保护的整体性原则

整体性有两层含义，一是强调非物质文化遗产项目本体的整体性，如核心的建造技艺、工序，以及材料、工具等多种文化表现形式，保护时要全面、整体地进行；二是强调非物质文化遗产项目与其相关实物和场所，以及依存的自然、人文环境构成的整体性，要将它们一并纳入保护范围。传统营造技艺是由多项内容构成的综合体，其自身的构成就如同一个有机的生命体，具有自己的结构和运行规律，每一项传统营造技艺项目的保护都涉及技艺的持有人、技艺本身、技艺所依托的物质载体及技艺所存在的生态环境，整体性的保护原则就是要求对传统营造技艺这些相关要素的全面保护。

许多传统营造技艺项目在实际的存续状态中往往涉及不止一类非遗项目类型，如不强调整体性保护，很可能造成项目保护要素的割裂或分解，失去原有的完整性。例如，传统营造技艺项目常伴随大量的民俗信仰与仪式，这就涉及许多民俗类的非遗项目，再如传统营造活动所依赖的传统营造材料，如建筑彩画颜料的制作，琉璃瓦件、金砖的烧制等，只有整体保护才能取得成效。不仅如此，除了对遗产本体进行保护外，还要对其赖以生存的生态环境予以保护，这其中既包括文化生态，也包括自然生态。

---

[1] 周波：《中国非遗保护制度建设的研究与分析报告（2004—2018）》，https://www.pishu.com.cn/skwx_ps/databasedetail?contentType=literature&subLibID=&type=&SiteID=14&contentId=11711314&status=No)，访问时间 2020 年 4 月 15 日。

3. 传统营造技艺保护的传承性原则

传承性是非物质文化遗产保护实践所特有的原则，传统营造技艺作为活态遗产在当下仍具有其自身的生命力，就是因其在历史进程中始终延续，传承不断。传承性原则强调的是一种积极的介入，是时间在传统营造技艺中贯穿的显现，是一种活态的持续的发展状态。从一定程度上讲，以物质形态存在的建筑遗产是非活态的，它是凝固的、静止的，是作为历史的遗存以过去时态存在于当下的物质文化遗产。传统营造技艺仍存在于当下、发展、变化的时态。

传统营造技艺通过在漫长历史中的世代相传，通过不断适应周围自然环境、社会环境，通过传承活动不断地再创造，形成了多层次及更具丰富性的内涵叠加，在传统营造技艺的活态传承过程中，每一次技艺的操作，都伴随新的解读和演绎，构成技艺"无限的生命链条中的一个环节"（刘魁立，2020）。因而其保护工作也要注重活态传承的原则。尽管传统营造技艺的工艺做法、匠诀算法都可以被记录下来，但传统营造技艺的保护传承是被赋予了能动性的创造过程，技艺系于传承人自身，通过传承人的活态传承得到存续发展。离开活态传承，传统营造技艺项目也将会转化为物质遗产、记忆遗产或博物馆的文物典藏，将只供人们研究、鉴赏，而不再被视为活的遗产参与当下社会的实践活动，最终走向消亡。良性的传统营造技艺项目的存续与发展应始终处于"活体"传承和"活态"保护之中，因此对传统营造技艺的保护应该包括对营造技艺本体的保护和对营造技艺传承人的保护这两个方面，本章重点讨论传统营造技艺本体的保护方式。对传统营造技艺代表性传承人的保护研究将在第5章具体展开。

4.3 传统营造技艺的保护方式

4.3.1 传统营造技艺的整体性保护

整体性保护是在文化生态视角下，以多元、积极的保护态度对传统营造技艺项目进行全要素保护的方式，与当下提倡的"见物见人见生活"的保护理念是一致的。对于保护对象复杂多样的传统营造技艺项目，更应注重各要素之间的关联与互动，整体性保护也就尤为重要。对于传统营造技艺的整体性保护，是将物质与非物质文化遗产共同纳入考量范围的保护视角，即包含技艺本身、营造材料、工具、相关营造习俗、相关建筑遗产与代表作、整体自然生态与文化生态的全要素保护。

1. 技艺自身的整体性保护

技艺自身的整体性保护是传统营造保护核心的部分，营造技艺作为一个整体存在，包含了设计、建造、技术、工艺等相关方面。今天设计与施工已经完全是两个不同的领域，而传统营造活动中的设计与建造通常是一个整体的两个方面，不可分割，营造包含了营（设计）和造（建造）两个方面，也可以解读为建筑艺术与技术的统一。营造一词中的"营"，与今天我们所说的建筑设计的最大差异在于，它不是一种个体自由创作，而是一种群体性、制度性、规范性的安排，是一种集体意志的表达，同时也是一种技艺的呈现形式。营与造联系紧密，集中体现在大木匠、掌墨、掌尺等身份重要的匠师身上，内容包括了选址相地、规划布局、功能设置、体量与尺度权衡等，此外也和选材与加工、制作与安装、工序与工时安排等联系在一起，反映了中国传统工艺中普遍存在的技与艺、道与器的统一关系。对传统营造技艺自身的整体性保护应是完整关系体系下的技艺本体保护。

2. 技艺相关要素的整体性保护

除了技艺本身的核心内容外，如前文所述，构成技艺项目完整性的要素还包括营造材料、工具及建造过程中的仪式风俗、风水禁忌等相关要素。完成营造活动的每个工种都有各自的技术体系和操作规程，整体性保护的过程中应注意保护各个组分之间的联系，以及匠作运行的整体保护。以传统民居及传统村落的营造为例，村落整体及主要建筑的选址和构成等因素包含传统匠人朴素的宇宙观和自然观，也是传统社会关系的体现。在"社区广场、村寨水口、廊桥等空间场所举行的各种民俗、祭祀、礼仪活动（包括庙会）"是构成整体文化空间的重要因素（刘托 等，2010）。这些内容都依附在传统建筑空间及营造活动过程上，相互关联，形成一个整体，它们与有形的物质空间重合在一起，共同构成了整体的文化时空。再如浙闽地区的传统木拱桥的营造过程，贯穿其中的一系列民俗和仪式与造桥技艺融合交织在一起，共同构成了完整意义上的营造活动。

在当下的传统营造技艺的整体性保护中，对传统营造材料的保护也是十分值得关注的问题。传统营造材料是营造活动链条中不可缺失的一环，对传统建筑材料的储备与供应是整体性保护中不可忽视的部分。因我国以木结构为主要传统营造方式，诸多建筑遗产的保护与修缮面临传统营造材料替换的问题，需要充足的木材、砖瓦件及各类营造辅料的供应。2011 年由意大利修缮团队与中国专家工匠共同进行的百年荣宅（上海市陕西北路 186 号）修复工程，也遇到工艺失传、原材料无法找到的问题。项目负责人、建筑师 Roberto Baciocchi 表示，许多当年的材料如今因为各种原因被禁止使用，在修缮过程中只能寻找相似的材料去替代。

以木材为例，木结构建筑遗产所用的大多是高品质、高等级、尺寸较大的木料，如日本的营造修缮工作，要求更换木构件尽量与原构件保持同样的尺寸、树种及木材等级。为了解决这一难题，2006 年，日本文化厅设立了专门培育文物建筑修缮用木材的森林，并命名为"故乡文化财森林"。除木材以外，还培育和供应桧皮、茅草、漆、竹等其他传统建筑材料。桧皮采集技术等与古建筑修缮相关的技艺已被登记为日本的非物质文化遗产。截至 2019 年 3 月，为古建筑修缮所培育的木材供应森林已达到了 80 处。在制度的支持下日本木构建筑中常见的桧木供应问题有所改善。虽然森林的培育需要花费很长的时间，但从长远来看，符合质量的、可持续供给的木材对传统营造技艺循序发展和建筑遗产保护具有重要的价值。[1] 除了木材，传统营造材料供给的问题还包括砖瓦的烧造、原材料的供应、建筑彩画颜料等。

---

[1] 海野聪，俞莉娜：《日本木构古建筑的生命周期——建筑修缮的过去、现在与未来》，《建筑遗产》2019 年第 4 期，第 43-50 页。

3. 技艺文化生态的整体性保护

对传统营造技艺文化生态的整体保护应打破物质与非物质、动态与静态、有形与无形的界限，并正确认识它们之间的联系。我们探讨的针对非遗概念下传统营造技艺的保护，会随着保护界对文化遗产认识的深入和对保护实践成效要求的提升，走向整体保护的层面和高度。

任何文化的表现形式都不是孤立存在的，必然与其他多种文化表现形式共生共存。传统营造技艺中包含的建造文化、生活习俗之间存在着密切的联系，并和与其相关的建筑遗产及技艺代表作相互关联影响、难解难分，技艺中所包含的精神、文化等抽象内容，也需要依附于实体，依附于整体的文化生态。不仅各项的传统营造技艺与其所依赖的自然与文化生态环境连接为一个整体，一个民族、地区、文化圈内的技艺项目之间也都存在着关联性。

因此，我们应该重视与传统营造技艺紧密关联的文化生态的保护，从宏观角度进行整体规划才能做到真实完整的保护。仍以国家级非遗项目木拱廊桥营造技艺为例，其活态传承与发展离不开整体的文化生态。木拱廊桥对区域的民众来说并不仅是连接交通的建筑形式，更是日常停歇、交流、娱乐的公共空间，也是诸多民俗、信仰、仪式开展与发生的场所。木拱廊桥传统营造技艺、木拱廊桥及其周围生态环境应被看作一个整体的文化生态来保护。

建立文化生态保护实验区便是基于这一考量的保护措施。1971 年，法国人类学家里维埃（Georges Henri Rivière）和戴瓦兰（Hugues de Varine）提出了"生态博物馆"的概念，提出文化遗产应该在其所属的环境中被保存和保护。生态博物馆所保护和传播的是区域内文化遗产、自然遗产等要素一并包含在内的文化生态。1997 年10 月，我国在贵州省建立了中国第一座生态博物馆"梭戛苗族生态博物馆"，博物馆整体范围包括梭戛乡 12 个村寨，建有资料信息中心，通过多种方式展示并存储各个社区生活、习俗的资料、文化信息、实物等。在生态博物馆理论的指导下，整体文化生态在一个特定的区域内得到了整体保护。图 4-2 所示为贵州地扪生态博物馆。

2004 年 4 月 8 日，文化部、财政部联合发出《关于实施中国民族民间文化保护工程的通知》，在实施方案中就已提出通过建立文化生态保护区的方式，持续动态地保护原生态文化。如周星教授等所言，非物质文化遗产项目最终还需要落实到所

图 4-2　贵州地扪生态博物馆

在的地域，广泛如传统木结构建筑营造技艺，小众如少数民族的建筑营造技艺，"固然它其中可能蕴含着超越地域、族群或国家的共同价值"，但其仍具有地域性，离开地域文化的传统营造技艺项目会因失去生存土壤而失色[1]。应构建非遗保护文化生态综合体系，将传统营造技艺及其背后凝结的文化与历史经验、记忆共同保护。

2007 年，在非物质文化保护实践和生态博物馆建设的经验基础上，我国正式批准设立第一个国家级文化生态保护实验区——闽南文化生态保护实验区。文化生态保护区的建设是我国非遗保护在整体性保护理念下进行的有效探索和实践。

截至 2020 年 6 月，"我国已公布国家级文化生态保护区 7 个，国家级文化生态保护实验区 17 个，共涉及省份 17 个"。由于包括生态环境在内的整体性保护牵扯到方方面面的因素，其保护的方法、有效性、可操作性及伦理性等一些问题还在不断的修整和完善中。传统营造技艺的整体性保护需要极强的运筹能力。在整体性的保护中，尤其是涉及生态保护区的问题时，应明确保护的主体和传承的主体，以免造成保护对象不明确的问题。

传统营造技艺整体性文化生态的保护需要物质文化遗产（包括古建筑、历史街区、传统村镇、民居、历史遗址遗迹等形式）和非物质文化遗产（如口头表述、民俗仪式、传统手工艺等）并存，并与人们的生活生产密切相关，还需要与自然环境、经济环境、

---

[1] 廖明君，周星：《非物质文化遗产保护的日本经验》，《民族艺术》2007 年第 1 期，第 26-35 页。

社会环境和谐共处的生态环境。即将保护对象还原到一个相对完整的生态环境中进行全面保护，或称之为活化。这需要技艺保护的主体在一定程度上打破禁锢，解放思想，进行创新。过去我们拆除了大批传统建筑遗产，取而代之建造了一批假古董，如古街区、古镇、古城等，继而又将这些原有古街区、古村镇作为遗产对象简单、孤立地进行保护，掏空了原有的功能和生活，割断了建筑遗产与它们赖以存在的自然、人文环境的联系，仅把它们当作没有内容和生命活力的标本，片面过度地进行商业开发。

随着认识的深入，我们的保护理念逐渐有了改变，现在已有很多地方尝试进行一定的活化改造，即集中连片或成区片地整体保护传统街区、村落、古镇，同时保护街区、村落、城镇的自然与文化生态，包括原有的地域性生活样态，如传统村落、建筑群、传统街区等，都在力争保持或还原它们固有的风貌、风俗，这是一种生态性的整体保护策略，是动与静、有与无、物质与非物质相互统一的整体保护理念的体现。

2008 年徽州文化生态保护实验区被批准成立后，安徽省文化厅就邀请东南大学专家编制了《徽州文化生态保护实验区总体规划（2011—2025）》。作为徽州文化生态保护区的主体城市，黄山市于 2009—2013 年完成了"百村千幢"古民居保护利用工程，通过对古建筑的修复，提升工匠们的技艺水平，使徽州传统民居营造技艺得到实践和传承机会，从而带动了一批徽州传统民居营造技艺队伍的成长，同时恢复了徽州祠祭、徽剧等非遗项目所在或赖以生存的文化空间，形成了整体生态文化要素的有效保护。徽州文化生态保护实验区内除大量非遗项目外，还涉及数量众多的自然遗产、文化遗产、文物保护单位与传统村落。2020 年 12 月安徽省出台了针对徽州文化生态保护实验区的管理办法，除了涉及认定、记录、建档等保护工作，还包括建立信息共享、实行分类保护的措施。该办法鼓励传承人传承技艺，在中小学开设非遗课程，通过博物馆、民俗馆、传承基地等形式进行展示宣传，通过建立故宫博物院驻安徽黄山市徽派传统工艺工作站，对区域内的传统建筑进行保护。

4.3.2 传统营造技艺的生产性保护

1. 传统营造技艺生产性保护的意义

科学合理、持续有序的营造实践是传统营造技艺保护传承的有效途径，生产性保护作为传统技艺类非遗项目保护的重要方式之一，对传统营造技艺来说有深刻的意义。《关于加强非物质文化遗产生产性保护的指导意见》指出："非物质文化遗产生产性保护是指在具有生产性质的实践过程中，以保持非物质文化遗产的真实性、整体性和传承性为核心，以有效传承非物质文化遗产技艺为前提，借助生产、流通、销售等手段，将非物质文化遗产及其资源转化为文化产品的保护方式。"文化部先后于2011年10月和2014年5月公布了两批国家级非物质文化遗产生产性保护示范基地，共涉及100家企业或单位，传统技艺类基地占比58%，但并没有完全意义上的传统营造技艺项目基地[1]，这也从侧面说明了当下传统营造技艺生产性保护领域的不充分，对实践工作需要作进一步的研究、探讨与引导。

不断提升技艺的传承能力是生产性保护的出发点和落脚点。传统营造技艺的实践活动不但能够增强传统营造技艺自身的活力，也有利于提高传承人的传承积极性，通过营造实践培养更多后继人才，形成合理的代际传承，使传统营造技艺的保护进入可持续发展的良性循环。传统营造技艺本身既是在生产实践中产生的，也应该在生产实践中得到保护发展。对于口传心授的营造技艺，如果没有生产性保护作为保护途径，技艺的保护传承则容易陷入纸上谈兵的境地。

2. 传统营造技艺生产性保护的方式探讨

（1）建造性保护

建造性保护也可以被解释为"为保护而建造"，相对一般性传统技艺的生产性保护，营造技艺有其特殊的内容和保护途径。有别于古代大量的营造技艺实践，现今传统营造技艺的运用已经局限在少量文物建筑、历史建筑的修缮，仿古建筑及乡

---

[1] 第一批基地涉及41家企业或单位，第二批基地涉及59家企业或单位，合计100个。其中传统技艺类基地57个，传统美术类基地36个，同时作为传统技艺和传统美术类基地的1个。

镇中的民居建筑的建造等。对营造技艺项目而言，有效的生产性保护就是不断通过新的营造实践活动来实现技艺的运用，其中应该包括复建、迁建、新建古建项目，也包括仿古建筑的项目，这些实质性建造活动都应被列入营造技艺非物质文化遗产保护的范围，被列入保护规划中，这些保护项目不一定是完整的、全序列的工程，也可以是分级别、分层次、分步骤、分阶段、分工种、分匠作、分材料的项目，作为整体保护中的分项保护，它们都是具有特殊价值的。通过建造性保护的方式，可以对不同地区、不同民族、不同级别的技艺项目进行研究和实践，既具有实践意义，也具有学术价值。

一般而言，建造性保护是依托新建项目的建造实践来实现技艺的保护和传承的，但目前的实际工程往往受到项目本身技术性内涵、时间进度、现场条件、资金配置等多方面的限制，难以达成技艺的全覆盖，或难以保证技艺的原真性，因此需要探索建造性保护的其他可行的方式。日本采用的建筑遗产造替制度可以被看作通过传统营造技艺进行建造性保护的有效途径，对我们今天营造技艺的保护有启发和借鉴意义。采用造替制度可通过规律性的营造活动使工匠师徒能够通过口耳相传来传承技艺，培养并锻炼了匠人队伍，建立起可靠的营造技艺保护方式。还有从印加帝国时代就不断重新建造的秘鲁凯世瓦恰卡（Q'eswachaka）吊桥，在 2013 年被列入了人类非物质文化遗产代表作名录。[1] 每年盖丘亚语社区的人们都聚集起来采用传统的编制技术和材料重新修建吊桥，建桥活动结束后社区还会举行庆祝活动，这也是典型的通过建造性保护方式进行技艺传承的有效做法。

虽然从建筑遗产保护的立场来看，一般不赞成古建筑异地搬迁或重建，这种做法被认为割裂了建筑赖以存续的自然环境和人文环境，破坏了文物真实性。但在营造技艺保护的语境下，文物建筑的迁建也是一种保护方式，也是技艺保护的重要机遇，特别是在被迁建建筑本体面临环境与自然灾变威胁的情况下，如各个地方建起的一些民居博物馆。此外，传统村落中的一些民居和祠堂建筑也常被一些商家异地重建，

---

[1] 陆地：《不可移动文化遗产"保护"话语的寓意》，《建筑学报》2021 年 2 期，第 108 页。

包括有些地方为了旅游开发，搬迁或仿制做旧古建筑，从某种意义上说都提供了一种潜在的建造性保护机会，也是建造性保护的实践项目，应将其纳入营造技艺保护的规划中，并加以重视和利用。现实中这些珍贵资源往往囿于或满足于商业需求上"形似"，并未成为营造技艺保护的载体和对象。

有些技艺的存续和传承是必须通过实际工程来实现的，如基础工程、大木安装、屋面工程等，但也有一些相对独立的分部工程可以单独实施操作，如斗拱制作与安装、脚手架支持等。有些可以基于培训的目的独立实施教学操作，如墙体砌筑，包括砖雕制作安装；小木制作安装，包括木雕；彩画绘制与裱糊装潢等，都可以结合现实操作来进行教学培训，从而达到完成传承的目的。当下许多保护单位或古建筑公司都在结合工程项目来实现教学培训的目标，或独立设置匠作技术操作课程进行循环教学，这些都能部分或间接完成传承的任务，但还需要结合建造性保护的整体思维和战略性规划，进行总体考虑和安排，将工程实践纳入建造性或修建性保护的总体框架中，有意识、有目的地进行内容设计，并按照预期目标来实现，以期在当前条件下实施建造性保护的策略。

目前对传统营造技艺建造性保护的尝试有香山帮营造技艺保护单位"苏州吴中香山工坊"设计建造的苏派建筑"承香堂"（图4-3）。作为项目申报和保护单位，苏州香山工坊建设投资发展有限公司在技艺的传承保护和宣传方面做了大量有益的探索，其所在地政府牵头建设了"香山工坊"园林古建文化产业基地，"工坊"位于香山帮技艺的发源地苏州吴中区胥口镇，综合开展项目的传承教学、展览展示、开发利用。在传承和培训方面，香山工坊成立了香山职业培训学校，对古建筑技工进行培训。发起成立了"苏州市香山帮营造协会""香山帮技艺传习所"等机构，定期开展各种活动。同时建立综合性的"香山古建筑博物馆"、现代重木结构场馆"香山帮技艺体验馆"和传统手工技艺建造的"承香堂"等单体建筑[1]。"承香堂"的

---

[1] 香山工坊是文化部认定的国家级非物质文化遗产项目"香山帮传统建筑营造技艺"的责任保护单位。香山工坊园林古建文化产业基地2009年至2012年连续被列入苏州市重点建设项目、苏州市特色产业基地、苏州市非物质文化遗产优秀保护示范基地、中国文化遗产保护与传承典范单位、苏州市文化创意产业联合会副会长单位。香山工坊展厅荣获"2010年上海世博会苏州馆主题周活动优秀奖"。

图 4-3　以香山帮传统营造技艺完成的苏州承香堂

建造以苏州留园的"鸳鸯厅"和拙政园的"远香堂"作为实体标本，建造过程邀请了 21 名香山帮传统营造技艺的国家级及省、市级传承人进行主持和实际操作，香山帮技艺的工种、工艺包括大木、小木、水作、假山、油漆、砖细、石雕都在"承香堂"得到了体现，在材料、工艺上保证香山帮营造技艺的原真性、纯粹性，也计划仿照造替制度的做法，隔数年按标准和规范异地重建，或原地复建，通过定期规律性的建造性方法达到技艺传承的目的。

　　注重建造性保护的还有泰顺县对木拱桥营造技艺的活态传承，通过政府行为鼓励与支持民间传承木拱桥传统营造技艺和建造廊桥，2003 年至今已建成新廊桥二十余座，在持续开展活态传承实践活动中，培养了形成梯队规模的技艺传承人。2019 年，泰顺县"木拱桥传统营造技艺活态传承实践案例"被评为国家级非遗保护实践优秀案例。还有位于上海的宝山寺重建，在建造过程中采用传统营造的方式，是民间自主传承营造技艺的重要案例（图 4-4）。

　　无论是新建、复建、改造、迁建，在现实条件允许的情况下，都可以对传统营造技艺的保护做出相应的回应。但也需要对保护方式做出明确的说明，按照保护类型的不同可以划定为完全意义上的传统营造技艺实践、部分技艺复原，或是单项技艺的保护实践，风貌性保护等（刘托，2015）。

图4-4　以传统营造工艺复建的上海宝山寺

（2）修缮性保护

建筑遗产是传统营造技艺项目的重要物质载体，文物类建筑遗产及历史建筑修缮可以提供传统营造技艺实践机会，是技艺生产性保护的重要途径。我国作为文化遗产大国，留存有大量的建筑遗产和历史建筑。文物类建筑遗产的修缮工作要求修缮过程遵循文物建筑修缮原则。在文物建筑修缮的历史进程中，我们的认知和理念也经历了不断更新和发展，当下我国遵从国际公认的真实性、整体性、可逆性、最小干预性等原则，以及在修缮过程中采用原材料、原工具、原工艺等科学方法，这无疑反映了我们保护理念和方法的进步。文物类建筑遗产的修缮，既需要借助今天的科学技术手段也要注重传统工艺技术传统材料的应用。我国地域广，文物建筑类型多，南北差异大，采用的技艺方式也各不相同。就保护对象而言，如何处理修缮技术和传统营造技艺的关系，如何通过文物类建筑遗产或历史建筑修缮使传统营造技艺得到保护和传承，是当下建筑遗产保护修缮和传统营造技艺保护工作需要共同面对的问题。

传统建筑修缮量大面广，并且具有周期性、持续性的特点，如果我们把握住建筑遗产修缮过程中的传统营造技艺应用，将会有效地促进营造技艺的保护和传承。例如在文物建筑保护单位中划定一定比例的营造技艺保护单位（可以通过挂牌的方式确定，可与文物建筑或历史建筑重叠），保护内容涵盖传统营造技艺的保护内容，由文物部门和文化部门协同制定保护标准，要求挂牌单位行使物质与非物质保护的双重职责，在修缮过程中应对所对应的传统营造技艺予以保护。考虑传统材料、传统工序、传统技艺、传统工具、传统习俗，并由传承人主持或参与，使之同时成为传统营造技艺保护的实践。这样既增加了保护对象的类型和层次，也拓展了保护本身的深度和维度。

以泰顺县木拱廊桥的灾后修复工程为例。2016 年 9 月，由于台风"莫兰蒂"的影响，文兴桥、薛宅桥、文重桥三座国保廊桥接连被洪水冲垮。浙江省古建筑设计研究院承担了廊桥灾后修复工程，采用科技手段和传统营造技艺相配合的方式进行修复。由木拱廊桥的非遗传承人、相关瓦石匠人协同具有文物保护工程施工资质的施工单位共同工作。在修复过程中，传统匠人们按照传统做法取材、设计、搭建结构，直至完成整个桥体的建造。一方面通过传承人、工匠对传统营造技艺的严格把握和运用，廊桥的整体风貌、技术工艺得到了保障；另一方面通过修复工程培养了后辈工匠。此外，公众的广泛参与也给予了廊桥修复工作极大的帮助，对泰顺居民来说，木拱廊桥不仅仅是交通连接，平日居民还在桥内空间休息、交流、娱乐，廊桥也是举办祭祀等活动的重要地点，当地居民对木拱廊桥有着深厚的感情。灾害发生后许多民众都参与捞拣被洪水冲散的廊桥构件。历时 15 个月完成的廊桥修复工程，是多方合力共同参与的成果，是值得当前修缮保护工程和传统营造技艺保护工作参考的优秀实践。

（3）衍生性保护

此外，传统营造技艺的生产性保护还应包含多种途径完成的衍生性保护。"保护为主，抢救第一，合理利用，传承发展"是非物质文化遗产保护的重要指导方针。如何"合理利用"非物质文化遗产，使其在现代人的生活中得以"传承"和"发展"，是每一个非遗保护项目都应思考的问题。目前国家级与省级的传统营造技艺项目中已有多项以模型制作为核心技艺的项目，这种模型制作也可被视为对传统营造技艺的衍生性保护方式。

以第四批国家级传统营造技艺项目"古建筑模型制作技艺"为例，古建筑模型成品的外形与内部结构和原建筑相同，是一件按比例缩小的古建筑，可拆可装。其制作步骤包括画草稿—选料（一般选用核桃木、楸木、梨木等）—辅料（乳胶、油漆，烤料除五年以上自然干燥的木料，都要烤干）—下料—制作基台—立柱形成柱网—纵横连接组成梁架—在各槫间布椽施飞建屋顶—装修门窗并油饰彩绘。工具也一如其他木结构传统营造技艺，如木工斧、大小木工锯、各式木工推刨、大小木工铲、凿、墨斗、木工尺、木工用刻刀等。项目国家级代表性传承人祁伟成先生近年来与徒弟相继完成了南禅寺大殿、佛光寺东大殿、应县木塔、华严寺大殿、崇福寺大殿、善化寺大殿等三十余件建筑模型。形式更为多元的有中国艺术研究院刘托研究员 2009 年开发研制的拼装式古建筑模型——"托宝"，可通过动手拼插组合了解中国传统营造技艺（图 4-5）。2018 年北京市建筑设计研究院的文创团队，也以佛光寺东大殿斗拱和清式斗拱为原型，开发了可以拼装的斗拱文创产品（图 4-6）。

　　非物质文化遗产生产性保护应严格遵循非物质文化遗产传承发展的规律，处理好保护传承和开发利用的关系，对传统营造技艺进行的生产性保护不是将其引入产业化的道路，而应该始终把保护放在首位，坚持在保护的基础上合理利用，确保传统工艺流程的整体性和核心技艺的真实性，不能为追逐经济利益而擅自改变传统营造技艺的传统生产方式、传统工艺流程和核心技艺。

图 4-5　托宝系列传统建筑拼插模型

图 4-6　北京市建筑设计研究院研发的斗拱拼插模型

4.3.3 传统营造技艺的研究性保护

研究性保护是以保护为目的，以记录、研究传统营造技艺为途径，在保护实践中对相关实物、营造材料、工艺技术等方面进行深入探究。传统营造技艺往往伴随着较为复杂的知识与技术体系，保护就意味着要将技艺后面的原理、道理一并揭示出来、展示出来，这就必然要引入新的视角、新的方法，以便更好地传承和保护，从这个意义上讲，营造技艺的保护就具有研究性的属性。所谓研究性保护，指的是在保护全过程中以研究成果为指导，使保护措施有充分的可验证的依据，在新建、修缮项目中和传承活动中遵循各项保护原则，将理论与实践相结合，使每一项保护项目是一项研究课题，也是检验科研成果的实践案例。实际上，每一项文物修缮工程，或每一项营造技艺的保护工程在实施过程中都有一定的研究成分，这往往包含在保护规划、保护设计中，但一般更多的是为了满足施工需要，而非科学系统地将项目本身视为科研对象而作相应的安排，致使项目作为贯彻和验证保护理念、保护原则、保护策略、保护方法的宝贵资源未得到充分的发掘和利用。

研究性保护可以追溯到 20 世纪 30 年代中国营造学社开展的一系列传统营造技艺保护工作。随着人们认知的不断加深，研究性保护也将是未来文化遗产保护的常态。中国营造学社对传统营造技艺的保护很大一部分可以概括为研究性保护，即通过学术研究对传统营造技艺进行整理和阐释，特别是在营造理论和文献、工匠研究上做了大量的保存、记录与研究工作。营造学社对工匠相关资料的整理，开创了对营造技艺传承人进行系统研究的先河。营造学社不但借助文献梳理古代名匠的记录，整理刊行了记述古代匠人的《哲匠录》，而且也注意当代在世匠人的口述史料，将其汇集成档案，一方面作为历史资料留存，另一方面可直接指导营造技艺的研究，并应用于保护实践，是非常难能可贵的，对我们今天开展的传承人口述史记录工程也有很大的启发作用。此外如《工段营造录》《梓人遗制》《园冶》等，也都是学社开展研究性保护的系列成果。

当下涉及传统营造技艺研究性保护的实践中，以北京故宫博物院启动的"养心殿研究性保护项目"最为典型。故宫养心殿如图 4-7 所示。项目对传统官式建筑营造技艺的保护做出了许多有益尝试，在"最大限度保留古建筑的历史信息、

图 4-7 故宫养心殿

不改变古建筑的文物原状、进行古建筑传统修缮的技艺传承"原则下，对材料、工艺、施工技术各方面予以研究。建立了专家咨询制度，全过程都有专家团队的参与，同时进行科学记录和影像记录（杨红 等，2019）。在工匠培养上，故宫博物院修缮技艺部对所有参加养心殿研究性保护项目的操作人员进行培训和考核。培训课程按照"瓦、木、石、油饰、彩画、裱糊"六作分别开设。这既精进了工匠的技艺，也对传统营造材料基地的建设、保护运行机制的探索作了相应的研究。对于施工方，也没有使用一般建设工程招投标的形式，而是通过竞争性磋商，选择了北京国文琰文物保护发展有限公司，使项目在时间与质量方面都得到更充分的保障。

在当下的修缮工作中，研究性保护也可以平衡科学性修复带来的技术与传统技术配合的问题。"传统营造技术存在着历史的局限性，代表性的木构建筑，从结构到装修所采用的均为天然材料，难以满足需求，并具有自身的弱点，应当采用现代科技手段克服其弱点"（郭黛姮，2009）。如在养心殿修缮过程中对于裱糊装饰造成木结构虫蛀的问题，团队运用科技、生物手段进行防治，同时也进行了传统做法的尝试。如用朱砂、铅丹等具有毒性的颜料涂刷裱糊纸张，制成防蠹纸；利用芸草的气味营造防虫的环境；利用黄柏染纸、染绢；故宫档案中还记载有防虫糨糊的做法，用百部根、花椒、雄黄等煎汤制作糨糊（纪立芳 等，2021）。采用传统做法和当代做法的实验性对比。在燕喜堂彩画修复的过程中，中国文化遗产研究院的陈青研究员通过对彩画保存状况的分析评估，开展保持彩画稳定的实验，保护实验着重于彩画传统材料及工艺的应用。

"养心殿研究性保护项目"除了对传统营造材料、技术、工艺的考量，更大程度上是新时代下对宏观的文化遗产保护方式的探索。项目极大地综合了故宫自身技术、经验、人才、管理的优势，将物质和非物质文化遗产作为统一的研究和保护对象，对技艺传承中的相关核心问题（如传承方式、传承机制等）均有细致的安排，将为营造技艺传承保护提供富有建设性的实践参考，作为实践基地对全国营造类技艺传承具有示范性意义。

4.3.4 传统营造技艺的展示性保护

随着非物质文化遗产保护工作的推进，对其展示性保护的方式也提出了更高要求。目前学界对非遗展示理念、原则、活态转译方式等认识还较为模糊，未能与非物质文化遗产概念相对接，使得非物质文化遗产展示保护实践缺乏系统的理论指导。

展示性保护是对传统营造技艺项目本体的历史背景、发展脉络、工艺内容、文化内涵等要素进行立体化呈现的有效方式，也是公众了解营造技艺的重要途径。展示性保护需要项目负责人既要对营造技艺项目本体有准确、完整、深入的理解，又要有极强的展示叙事能力。展示性保护的落脚点应是面向社会，提高公众整体对展示技艺项目的理解认知，在互动中达到传播、弘扬的目的，从而增强公众的保护意识。以下将围绕传统营造技艺展示性保护的展示空间、展示内容、展示方式三方面进行论述，整合技艺展示中需要解决的核心问题，在遵循非遗展示基本规律的基础上，突出传统营造技艺项目的自身属性与叙事需求，从而探索适合传统营造技艺项目的展示、阐释和传播方式。

1. 传统营造技艺的展示内容

要进行传统营造技艺的展示性保护，首先要明确展示内容。与建筑遗产等以物质形态为主体的展示方式不同，传统营造技艺的性质决定了其展示更注重活态与传承，偏重于对技艺本体、价值及现状的呈现与阐释。展示性保护的目标应是通过展示技艺及相关元素内容来阐释工艺、习俗以及技艺所承载的文化内涵。传统营造技艺的展示应是特定时间、特定空间（包括整体的文化空间）中发生的特定事件，而不是剥离或抽取技艺项目的组成要素。值得注意的是，传统营造技艺的专业性和技术性使其部分内容较为复杂晦涩，如名词术语、结构构造等，只有在展示过程中将其转化为公众能够理解的内容，才能起到应有的展示作用。此外，并非所有的技艺项目以及项目中的每个要素都可以进行展示性保护，如营造仪式这种与自然环境、文化空间联系紧密，有其特定场所属性和时间限制的要素，需要慎重选择展示的方式。

2. 传统营造技艺的展示空间

按照展示空间的不同，可以分为在地的展示性保护和异地的展示性保护两大类型。

（1）在地的展示性保护

传统营造技艺项目代表作或是运用该项技艺完成的建筑遗产，"在地"的展示性保护可以理解为在整体性保护的基础上，将整体保护的对象同时作为展示对象进行的保护实践。将传统营造技艺的展示放在原生态的区域中。在当下的传统营造技艺展示中，也应关注整体性的展示，将传统营造技艺放在宏观的文化展示的开放系统中。如我国已有的诸多生态博物馆，梭戛生态博物馆、贵阳花溪镇山布依族生态博物馆、锦屏县隆里古城生态博物馆、黎平县堂安侗族生态博物馆等，通过生态博物馆、文化生态保护村（寨）的建设，使传统营造技艺能够在各自的自然与文化空间中得以保存和延续，展示也更具有场域感。在展示中还应注意与整体文化的结合，与传统营造相关的仪式，在特定建筑中进行的民俗活动，仪式感更容易形成节点性的效果，使人们增加空间场所内的生命体验（杨红，2017）。

在当下注重文旅结合的大背景下，还可以将传统营造技艺融入诸如建筑遗产旅游项目、文化遗产的游学项目此类项目中。如澳门就将非物质文化遗产与文物建筑的展示相结合，在郑家大屋、卢家大屋、大三巴牌坊等文物建筑中举办非遗展演，使物质与非物质文化遗产形成呼应。

（2）异地的展示性保护

异地的展示性保护是指在不改变技艺项目真实性和价值内涵的前提下，将传统营造技艺从原有的文化生态中分离出来进行展示的方式。例如传统营造技艺中的一些营造活动或构件加工是可以在工作室、生产基地、营造场地、传习中心及博物馆进行展示的，或在类似"城市会客厅""文化中心"等公共空间中进行展示。这种展示需要一定的时间契机，如针对非遗项目的博览会、针对传统营造技艺的个展或专门性展览。

3. 传统营造技艺的展示方式

作为非物质文化遗产的传统营造技艺，其展示途径不应局限于已有的静止、陈列或传统叙事方式，需要更进一步的活态、阐释与多元叙事模式的构建。

在当前传统营造技艺建造活动日趋减少的现实情况下，在建项目与修缮项目过程本身已经是一种稀缺的文化资源，应加以充分利用。在建造与修缮的过程中有意识地开辟出展示的部分，加以策划组织、展示设计，成为直观的教育学习、旅游观摩等的场所，达到传承、传播的目的。这种现场展示会带来实地感、场景感，是传统营造技艺最直接的展示途径。如上文研究性保护中提到的故宫博物院进行的"养心殿研究性保护项目"，就关注到传统营造技艺的展示，在项目过程中通过开放修复现场、媒体发布会等方式向公众呈现修缮过程和方法。部分可以单独展示的技艺类型还可以通过邀请传承人进行现场操作、展示与讲解，与观众直接互动。

2018 年"自然与文化遗产日"东华门古建馆，邀请了彩画传承人乔建军先生现场展示彩画贴金箔的技艺过程，讲解彩画的绘制工艺，同时展示彩画图样、颜料、工具以及样式雷的图档，使公众对传统彩画技艺有更深刻和直观的认识。当下许多展示场合如博览会、非遗节等，都引入了传承人在现场展示技艺的方式。对于传统营造技艺的现场展示目前仍有许多问题需要解决，如传承人展示的技艺内容，展示时长，展示频率，以及如何与观众互动等。对于展示的传承人和作为受众的观者双向心里的感受也是需要考虑的问题。不能把"真人演示""现场表演"等形式认为是活态（其本质是动态）。

传统营造技艺的复杂性与丰富内涵决定了其展示只通过片段过程的再现无法让受众理解技艺真正的内涵，技艺保护的活态性也要求了其展示方式的多元。目前较多应用的是通过实物、影像、视频、虚拟技术等科技对传统营造技艺过程进行展示。如截取部分经典的、有代表性的传统营造技艺运用的过程，通过二维绘画、三维实体模型或增强现实投影等手段再现或重现营造活动场景，让参观者置身于营造活动的氛围中，获得一种参与感和体验感。

传统营造技艺大多较为复杂，传统展示方式参与度较低，给人的体验感弱，手工操作这种身体实践更利于加深公众的记忆与情感，使之迅速建立联系。如开发传统营造技艺中的榫卯玩具、鲁班锁、传统建筑拼插模型等用于展示和现场操作。或采用数字化的展示方式将大体量的展具和复杂的工序、丰富的习俗通过三维虚拟现实技术的影像，以等比比例在展厅中呈现，让观众以身临其境之感体验营造技艺运用的过程。还可以以人机互动的形式，在虚拟空间中让观众根据说明，自行体验榫卯木结构、房屋搭建的全套流程。除了现实空间中的展示，网络平台的作用越来越凸显，可以设计线上 3D 展览，以及借助 VR、AR 等新的技术形成虚拟的营造活动体验场景。图 4-8 所示为贵州非遗馆展示的鼓楼等传统建筑模型。

　　在传统营造技艺类项目的展示中，通过物质揭示非物质是一种必然的选择，因为运用技艺完成从原料到成品的转变总是依托于物质，作品是技艺呈现的方式，通过物质呈现和进行传播。所以就展示而言，我们要分清媒介或手段与目标的关系，技术手段只是我们展示传统营造技艺的方法。对展示中叙事手法如何展开探索、展示空间与环境如何设计，以及如何将传统营造技艺更完整、更具吸引力地呈现给观众，如何设计交互体验活动，对于非专业性目的的参观者，如何激发好奇心、提高参与度，这些都是当下传统营造技艺展示需要思考的问题。我们也不应狭隘地理解展示性保护的概念，展示性保护并不是只限于上述的场所和形式，随着技术的发展，展示的渠道也必然越来越多。

图 4-8　贵州非遗馆展示的鼓楼等传统建筑模型

4.3.5 传统营造技艺的数字化保护

随着科技的进步，数字化已然成为人们获取信息与掌握信息的重要方式，也是人们学习知识和传播知识的重要工具和方法。运用数字化形式作为媒介是传统营造技艺保护的有效手段。运用数字化多媒体技术对非物质文化遗产进行真实、系统和全面的记录，可以有效实现传统营造技艺的抢救性记录，建立档案和数据库。同时数字化在传统营造技艺培训教学、展示等方面也在扮演着越来越重要的角色。

2019 年 8 月，我国发布的《关于促进文化和科技深度融合的指导意见》指出："以数字化、网络化、智能化为技术基点，重点突破新闻出版、广播影视、文化艺术、创意设计、文物保护利用、非物质文化遗产传承发展、文化旅游等领域系统集成应用技术，开发内容可视化呈现、互动化传播、沉浸化体验技术应用系统平台与产品，优化文化数据提取、存储、利用技术，发展适用于文化遗产保护和传承的数字化技术和新材料、新工艺。"传统营造技艺数字化保护工作内容包括多方面，如使用数字化采集设备、数字化编辑设备将传统营造技艺项目的图文影像资料转换为数字化形态，进行存储性保护；采用先进的数字化手段对传统营造技艺项目本体及其对应的生态保护区等进行监测评价；采用先进的数字信息技术对传统营造技艺进行宣传与弘扬；利用数据库、大数据平台和数字博物馆提升保护的效率和成果转换等。图 4-9 所示为数字化圆明园场景。

1. 传统营造技艺的数字化记录与保存

及时、准确、全面地记录和建立档案是传统营造技艺项目保护重要的基础性工作。数字化的形式在记录保存、管理和公共传播方面都有较强的优势，因而以数字化作为传统营造技艺项目记录的方式，具有必然性的趋势。

传统的记录方式以文字、图片为主，文字缺少直观性，图片只能是静态，不能表现营造工艺的动态过程，因此往往难以充分、全面地解释说明传统营造技艺，缺少结构和构造全方位的解析，也很难真实完整地记录和再现技艺的流程，以及营造活动的气氛、场景，遗失了很多细节和信息。比较而言，采用先进的数字化影像手段可以更加真实、全面、完整地记录和保存传统营造技艺项目的信息。通过数字化的记录方式可以对传统营造工艺流程进行全方位的记录，包括：对营造所用的原材

图 4-9　数字化圆明园场景

料及其加工流程、辅料、核心工艺、手艺、方法、工具及特殊工具的制作，器具、设备、设计图纸、作品及其用途的分别拍摄；对工艺流程、要领、术语、艺诀，以及相关信仰、禁忌与民俗的记录。

运用数字多媒体技术可以有效地记录和全方位地展示建筑的复杂结构及构造的所有细部节点，最大限度地保存传统营造技艺的信息，同时又可以实现即时检索、比对、分析相关信息。利用数字多媒体手段不但可以精细地记录传统建筑的营造技艺动态过程，而且可以生动地演示构件加工方法、建造方式、工艺流程、工具使用等活态内容，便于营造技艺的传承、学习、研究和普及，有助于传统建筑技艺的研究、保护、传承和弘扬。如中国艺术研究院建筑艺术研究所开展"中国传统建筑营造技艺数据库"建设，通过"数字多媒体手段对传统建筑的构造及营造技艺进行研究和建档。根据营造做法的特点分类型、分地区地选取代表性的传统建筑营造过程，记录并演示其结构、构造、构件加工方法、建造方式、工艺流程等内容，从而有效保存和展示中国传统建筑营造技艺"（刘托 等，2010）。借助动画和虚拟现实技术，更加清晰地展示复杂的传统营造技术，获得更加直观的效果。

以传统营造技艺数字化采集为例，除了将建造工艺和传统做法进行全程记录，将所得数据资料通过数字多媒体方式进行诠释和展示。还应根据技艺特点将技艺过程进行整理、划分，记录其结构、构造、做法、施工与工艺流程、营造技艺文化等。应用动画和虚拟现实技术，通过制作加工实现对传统技艺的模拟，使之得到清晰明了的呈现，便于传统技艺的学习、研究和普及。在数字化采集过程中通常综合利用五种方式来记录和演示传统技艺。

——文字，记录技艺及其相关自然、社会、文化环境。

——照片和图纸，包括成果绘图、历史照片、实地摄影等，记录成果的外观、结构、材料、工具、过程等。

——录像、录音，可以真实连续地记录工艺流程和施工做法。

——三维动画，适用于演示内部结构及构件的组合关系、拆解等，介绍特殊构造节点和隐蔽工程的施工工艺。

——虚拟现实，可以增强体验，感受建筑的内外部空间，通过自动生成程序和点击生成方式虚拟参与过程。

对传统营造技艺项目信息的采集可能涵盖文稿、录音、录像、实物等多种介质。这些传统的媒介占用空间大，且不易复制和携带。应用数字存储技术可以将其转化为一张光盘或移动硬盘，增加了资源存储、复制和检索应用的便捷性。同时，对于一些较早收集的项目材料多采用文稿、磁带、录像带等陈旧的媒介方式，这些资源如果保存不当，很容易损坏或丢失，应尽快将现有的手稿、磁带、录像带等老旧的媒介资源转化成数字化资源进行存储，并建立统一标准和制式，确保收集到的传统营造技艺项目资料保存的完整性、安全性和长效性。对于传统营造技艺的数字化记录工作，必须建立一套涵盖技术标准、管理标准和工作标准在内的，贯穿技艺项目确认、立档、研究、保存、保护、宣传、弘扬、传承和振兴等保护流程各环节的标准规范体系，确保工作规范有序开展。

由于数字化保存可以海量贮存和处理，所以应该尽可能采集更多的资源信息，如基本信息可以囊括环境信息、历史沿革、分布区域、保护状况、价值等，应收集的资料类型包括：a.传统营造技艺项目申报资料；b.传统营造技艺项目普查资料；c.相关书籍和音像制品；d.期刊及论文；e.调查报告、保护与规划方案；f.其他有关传统营造技艺项目资源信息的资料。

对传统营造技艺本体的数字化采集应覆盖项目保护内容的各个方面，如a.非遗项目的特色技艺；b.代表性建筑的营造工序；c.被广泛采用的技艺；d.非遗项目中涉及的主要工种和做法。对同一类型的技艺还应同时采集不同时期、不同流派的版本。

对营造技艺中的相关文化习俗，应采集与营造技艺联系紧密的风水、仪式及其他类型文化习俗。对文化习俗采集对象的选择应遵照以下原则：a.选择与项目联系紧密的文化习俗表现形式；b.选择具有深厚群众基础的文化习俗表现形式；c.选择流传区域广泛的文化习俗表现形式；d.选择流传时间悠久的文化习俗表现形式。

传统营造技艺的代表性作品包括建筑群落、单体建筑、建筑的结构、构件和装饰，代表性作品的采集应尽可能覆盖项目的全部类型，对同一类型有多个代表性作品时，应依照下列原则确定优先采集顺序：a.选择突出体现非遗项目特色的作品；b.选择突出体现相应类型特点的作品；c.选择由著名传承人或代表性艺人制作的作品；d.代表不同时期和流派的作品；e.具有重要研究价值的作品。

2. 传统营造技艺的数字化教学

非物质文化遗产的传统传承方式是师徒间的口传心授和长期实践，这种传承方式传承范围狭小，授徒数量有限，传授链条往往较为脆弱。比较之下，运用数字化手段记录存储技艺内容所形成的数字化资源，可以打破传统传承方式的局限性，并以直观生动的数字资源多角度、全方位传授非物质文化遗产内容。例如，故宫博物院古建中心将清代宫廷营造技艺的录像和动画作为培训年轻工匠的学习素材，并配合工地实操。在更大范围上，采用数字网络技术可以打破时空的限制，使非物质文化遗产内容得以广泛传播，满足人们日益增长的多样化文化需求，提高文化遗产的传播率和利用率。

只依赖传统方式形成的传统营造技艺资源，数字化程度较低，与真实、系统、全面记录和保护传统营造技艺的目标存在较大差距，限制了非物质文化遗产资源的科学研究和有效应用。建设非物质文化遗产数据库和信息平台可以为科研人员和技术人员提供各种数据和便捷的查询手段，方便研究者和技术工匠利用海量数据进行研究，服务于非物质文化遗产保护工作。非物质文化遗产数字化保护工程重点利用影像、动画、虚拟现实等现代数字多媒体手段，将文化遗产的影音和动画资源编辑成具有生动性、直观性、参与性的高品质教材和宣传素材，进入传习所、走进课堂，特别有利于青年技工学习和掌握古建知识和核心技艺，也有利于在青少年中开展非物质文化遗产宣传教育和培训传承活动。

3. 传统营造技艺的数字化展示与传播

数字化传统营造技艺资源本身就是宝贵的财富，可转化和衍生出多种形式的成果，促进非物质文化遗产的生产性保护。例如，可以利用遗产项目的图文资料编纂《营造技艺遗产图录》《营造技艺遗产分布图集》；可以利用全国的营造技艺保护工作信息编辑《营造技艺保护年鉴》；可利用数字化网络展示宣传平台，带动文化旅游、手工艺制品等相关文化产业的发展，以满足人民群众多样化的精神生活需求、促进转变经济发展方式，同时进一步增强文化遗产保护意识，提高全社会的文化自觉。通过数字化手段和网络平台向世界人民展示我国辉煌灿烂的文明成就与和平和谐的文化理念，将进一步增进世界各国人民对中华文化的了解，提高中华文化的国际影响力，推动中华文化走出去。

无论是作为学习、传播的途径，或是出于培训、宣传的目的，数字化的参与体验也是一种新的手段和方式。数字化为体验提供了新的可行的方式，诸如参与、互动、沉浸等方式，其技术方案如虚拟现实、增强现实等。数字化可能会使学习者不再是被动的、被灌输的对象，而是主动的参与者，既可增加学员的学习兴趣，也可以提高学习的效果。对于传统营造技艺的功能和价值而言，技艺本身已经不仅仅是生产制作手工制品的载体、过程、方式，其本身因为包含着丰富的文化与艺术内涵，是人类智慧的结晶和体现，也就成为欣赏的对象，进而成为展示和体验的对象。在这种认知下，数字化呈现及数字化体验就成为传统技艺进入人们生活视野的一种新的功能。

宣传展示平台是多渠道展示的新媒体平台，包含网络电视、远程培训、在线展览演出、互联网网站、3G 传媒、智能终端传媒等功能。利用数字化资源在有条件的地方建设数字化展区，投放经整合处理后的非遗数字化资源，定期展览各种专题、各种形式的营造技艺相关内容，开展数字化多媒体资料、虚拟化 3D、虚拟现实模拟、人机互动式模拟等系列宣传展示活动，并同时提供网络访问。

综上所述，采用数字化方式开展传统营造技艺本体保护工作，可以实现采集的保真性、保存的长效性、宣传传播的多样性和便利性，使营造技艺资源得到永久保存，使复原文化原貌成为可能。

4.4 本章小结

传统营造技艺项目自身的多样与复杂特点决定了其保护方式的多元与复杂。既要满足非物质文化遗产保护的需要，也要符合传统营造技艺自身的特性与规律，既要有全球化的视角，也要立足于我国保护工作的实际情况。在明确传统营造技艺的管理与评估问题的基础上，本章即进入对具体保护方式的探讨。三节内容分别解决技艺本体"由谁来保护""保护什么"以及"如何保护"三个问题。

近年来，传统营造技艺的相关研究逐渐进入更多学者的视野，保护方式的研究也随着保护实践的增多而增多。在不断深入的非遗保护实践中，传统营造技艺保护的理念与方式也在不断更新、深化。在对真实性、整体性、传承性三大保护原则分析的基础上，本章列举的五种保护方式是当下笔者认为在营造技艺保护中最基础和根本的方式，对传统营造技艺的保护不仅是技艺本身的保护，与之相关的营造材料、工具、匠作活动及仪式民俗、风水等都是保护工作的重要组成部分，没有它们的技艺是不完整的，当然还有十分重要的匠作传承的保护，我们将在下一章重点讨论。

作为非物质文化遗产的传统营造技艺，其发生和发展都有一定的时间条件，传统营造技艺本身也是在实践中不断发展传承，营造技艺的内核不是"不变"，而是活态发展、传承不断。保护传统营造技艺并不是要在当下的建筑遗产修缮中完全采用传统做法（也不可能做到），有的传统做法无法适应当下的现实与环境，自然需要考虑更具技术性的做法，而对于一些随着研究而不断发掘出的、通过实践得到效果证实的技艺则需要进一步传承。

在当下科技保护成为建筑遗产保护实践主流的趋势下，如何克服传统营造技艺历史的局限和自身的弱点，利用现代的监测、检测、修复技术与传统营造技艺共同完成保护修缮工程是目前学界努力探寻的模式。形成政府管理指导、行业与学者深度参与、公众积极投入的良性互动的保护合力，结合当下非物质文化遗产保护的新思维、新理念，探索保护的新路径、新方法，将营造技艺的传承和保护提升到与物质形态的建筑本体保护同等重要的位置。

中国传统营造技艺作为一种活态传承的代际文化，保护的落脚点在保持传统营造技艺的生命力，增强其在当下社会环境中的生存能力。这需要我们持续探寻符合营造技艺项目的保护规律的保护途径，在当下非遗保护和社会发展的大背景下，保持冷静的思考。传统营造技艺源自日常生活，也需要回归生活，生活方式的改变带来传统营造技艺保护方式的重新思考。对于传统营造技艺来说，则是通过对各类保护途径的探索，使传统营造技艺真正融入当下人们的生活。

5

中国传统营造技艺
传承保护的研究

传统营造技艺作为非物质文化遗产的重要类型，活态传承是其基本的属性与保护原则，因此对传统营造技艺保护体系的研究除了对本体保护的研究外，还需要对传承保护进行具体研究。"非遗保护的关键是传承。只有不断提高传承水平，才能增强非遗的表现力和吸引力，维护和拓展非遗的生存与发展空间，鼓励和吸引更多的人加入传承行列，实现可持续的非遗保护。"而传承的首要条件便是传承人的存续、发展与传承活动的开展。"不以刀凿为攻，难通绳墨之诀"，传统营造技艺的存在需要通过技艺持有人的施用、活动才得以实现，没有传承人作为传承主体的非物质文化遗产将转化为物质遗产、记忆遗产，或博物馆的文物典藏，将只供人们研究、鉴赏，而不再被视为活的遗产参与当下社会的实践活动。

传统营造技艺的存续和发展，离不开技艺持有人持续不断地开展营造活动和传承活动，技艺在持续的动态传承中被延续、被再次创造，而合理有序的传承活动需要符合技艺发展规律的传承方式，更离不开健全的传承机制的保障。由此本章对传统营造技艺的传承保护研究从对传承人本身的保护、对传承方式的保护和对传承机制的保护三个方面展开，试对传统营造技艺的传承保护进行相应的论述。

5.1 传统营造技艺传承人的保护

5.1.1 传统营造技艺传承人保护的背景

1. 传统匠人的传承保护工作

作为非物质文化遗产的营造技艺依附于一代又一代的工匠自身，作为技艺最直接的持有者，他们既是传统营造技艺的保护主体又是传承主体。在非物质文化遗产与传统营造技艺没有成为官方概念之前，传统工匠对其掌握的营造技艺也采用多种方式开展诸多传承保护工作。传统匠人们通过家族传承或师傅教授习得技艺，通过不断进行的传承实践成为技艺活的载体，再将技艺传承给后辈，从而新陈代谢，生生不息。

我国传统社会中对匠人的记载只是零星片语，通常是因为他们晋升为官员而被记载在正史中，如蒯祥、阳城延、杨琼、郭文英、梁九等，也有一些在民间口碑相传，如鲁班、李春，极少数因为著书立说而留下名字，如喻浩、姚承祖等，但更多的优秀匠人则被埋没在历史中，没有任何记载，而正是占数最多的他们维系着各项传统营造技艺的传承。

关注营造匠人及其传承的危机在近代营造学社时期已经开始，一些传统建筑资源比较丰富，建设与修缮活动比较频繁的机构或地区也较早注意对工匠及其技艺的保护，典型的有北京故宫博物院、北京市第二房屋修缮工程公司、苏州地区的古建公司等。如20世纪50年代北京故宫博物院对当时称为故宫"十老"的杜伯堂、马进考、张文忠、穆文华、张连卿、何文奎、刘清宪、刘荣章、周凤山、张国安十位老工匠进行重点保护，退休后进行返聘，并在生活上予以补贴，不但请他们担任修缮工程的技术指导，更支持他们带徒传艺开展技艺传承工作，对故宫传统营造技艺的保护起到重要的作用。北京市第二房屋修缮工程公司是北京著名的古建筑公司，聚集了众多的传统匠师，其中有许多都是师承原北京八大木厂的名家。该公司修缮了天安门、天坛、北海、雍和宫、白塔寺等近百项北京地区文物建筑，积累了丰富的实践经验，同时也在实践中锻炼和培养出马炳坚、关双来、蒋广全等一大批古建技术人才，到今天他们已经成为传统营造技艺传承的中坚力量。

2. 传统营造技艺传承人与传承现状

非物质文化遗产语境中的传承人是对非物质文化遗产直接持有人的特定称谓，更准确的表述应为代表性传承人。我国的《非遗法》中规定了非物质文化遗产代表性项目的代表性传承人应当具备的条件，对传统技艺代表性传承人而言，应满足如下几项条件：一是代表性传承人应是非物质文化遗产的持有人，掌握并精通某项传统营造技艺；二是传承人所掌握的技艺确有技术含量，传承人本人技艺精湛，并在本行业、本地区被公认为代表性人物，具有较大影响力；三是传承人的传承谱系清晰，靠师徒传承或家族传承，传承至少应在三代以上；四是传承人要切实履行传承责任，尊师带徒，将继承下来的技艺继续向后代传授。

随着传统营造技艺的代表性传承人被列入保护范围，传承工作也得到更广泛的关注。传统营造技艺传承人的称谓至今是对传统匠人的最高褒奖，即把以传承人为代表的工匠视为民族文化的持有者和传承者，承载着人类文明基因，是活着的文化遗产，因而具有崇高的荣誉和社会地位，这与中国历史上对工匠贡献与作用的贬抑大相径庭。在加入联合国《保护非物质文化遗产公约》后，我国针对传承人的保护专门建立了四级代表性传承人保护制度，通过申报、评议、认定、公布等程序建立了传承人名录，并通过政策引导、资金补助、社会宣传等方式对传承人及传承活动予以扶持，同时也对传承人的传承活动和社会责任予以规范和监督。进入名录的代表性传承人实质上具有了一定的官方身份，他们由国家认定和管理，享受政府的专门补贴，这也极大调动了非遗传承人守护其传统技艺的积极性。代表性传承人的社会地位得到提高，不但生活上得到一定资助和保障，其荣誉感和责任感也得到极大增强，这为传统营造技艺的传承打下了良好的基础。

在政策的支持下和保护工作的推进过程中，传统营造技艺的传承工作也有其自身的特点和现状。从传承人自身的原因看，传统营造技艺的持有者因各自观念不同，对营造技艺传承的态度也各有不同，有的愿意将自己掌握的技艺传承下去，有的则因为家族原因或其他思想原因宁可失传也不能外传，从而导致许多具有独特性和复杂性的技艺的传承中断。除了内部传承的原因，市场的需求和雇用方式也对技艺的传承造成影响，难度水平高的传统营造技艺制作成本较高，在市场经济计算成本和追求效率的大环境下，往往不被选择；许多复杂的技术做法根本上是为了解决结构技术的难题，除了建筑遗产修缮保护，在当下的许多古建工程中，会率先选择用现代方式解决结构问题，高难度的营造技艺也逐渐不被采用。若失去实践机会，营造技艺则失去了传承的土壤，成为留存在图纸上的记忆，随着老一代营造匠人的离世走向消亡。

5.1.2　传统营造技艺传承人保护的紧迫性

长期以来，我们对传统营造技艺传承人的保护重视不足。在我国传统的社会发展中，掌握传统营造技艺的传承人和建筑行业的从业者以民间工匠为主，匠人多隶属于官办或民办的作坊，传承方式局限在师徒或家族授受的形式上。此外，中国传统文化中重仕轻技，重农抑工（商），手艺绝活往往只是赖以生存的谋生手段。这些因素造成了传统营造技艺得不到系统的记录和总结，只在民间工匠中口耳相传，有些随着工匠的离世流失。同时，传统营造技艺自身又具有相应的复杂性和较高的技术要求，许多技艺若要达到出师和成才的地步学习者不仅要常年艰辛劳作，还要有一定的悟性和灵气，因此许多项目或让人望而却步，导致主动选择从事传统营造技艺的人群较少。20世纪以来，伴随着生活方式的演变和西方现代建筑技术的传入，中国传统木结构建筑营造技艺受到现代建筑理念、材料、结构、营造方式等各方面的冲击，传统营造行业急速衰退，从业人员急剧减少，许多传统营造技艺也处于失传或濒危的边缘。

1. 传承人群老龄化较为严重

传统营造技艺传承人保护紧迫性的首要表现是目前传承人群的老龄化较为严重。传统营造技艺存活在传承人或传承群体的技艺和记忆中，口传心授的传承方式使得人在艺在，人去艺绝，离开了人的传承，传统营造技艺也将失去活态而走向消亡。然而由于历史变革和时代更替，我国的非物质文化遗产传承人普遍高龄化，许多国宝级的传承人因年迈体弱，没来得及将身怀的绝技传与后人就离世了，使得一些非物质文化遗产处于濒危境地。

据文化和旅游部非物质文化遗产司的统计，截至2019年我国现有的"3068名国家级代表性传承人中，70岁以上占50%以上……去世人员已超过400多位"[1]。老龄化可能会导致传承链条断裂、传承梯队断层，甚至出现随着传承人的逐渐谢世和减少，传统技艺加速失传的情况，因此对传承人的抢救性保护工作十分迫切。流行于闽浙山区的编梁木拱廊桥极具科学价值和文化价值。2009年，中国木拱桥传统营造技艺被列入联合国急需保护的非物质文化遗产名录，但由于其国家级代表性传承人董直机先生2018年在泰顺家中去世，木拱桥传统营造技艺面临传承人断层，造桥技艺濒临失传的境地。图5-1所示为木拱桥传统营造技艺国家级传承人董直机。

图5-1　木拱桥传统营造技艺国家级传承人董直机先生

---

[1] 国家非物质文化遗产保护工作专家委员会委员马盛德在第八届国际（上海）非物质文化遗产保护论坛上的讲话，2020年6月11日。

2. 后继传承人补充不足

传统营造技艺本身依附于传承人而存续，以及现代化进程中传统建筑建造急剧萎缩使得相应的营造技艺衰落或消失。随着社会变迁，传统建筑的范围缩小，种类也在不断减少，加之人们居住观念的改变，一些地区的居民抛弃了传统民居，导致营造技艺萎缩。同时，营造技艺的传统传承机制较为脆弱，一个师傅收徒人数有限，且徒弟需要多年学艺和实践才能成为优秀的下一代传承人，有的家族传承还有许多秘而不宣的技艺。此外，从事传统营造的工匠待遇不高，工作较辛苦，导致该行业缺乏吸引力，年轻人大多不愿意从事，从而难以形成有序的传承梯队。

3. 传承理念与方法有局限

包括传统营造技艺在内的许多手工技艺中，都存在传承理念和方法的问题。许多技艺传承人思想较为保守，不愿意公开自己的技艺或诀窍，在技艺的传承中只传授给自己的儿子或师门内的徒弟。还有的技艺因为祖辈的规矩传男不传女，传内不传外等，传承人出于多方面的顾虑不愿意打破规矩，使传统营造技艺只在狭小的范围内传承，一旦传承的链条出现断裂便可能致使技艺传承处于绝境。此外，掌握传统营造技艺的传承人很大一部分仍处于经济发展较为落后的地区，所受教育不多，他们对传统营造技艺的理解、认识一定程度上限制了其传承技艺的能力和方法。在新时期传统营造技艺传承保护工作持续推进的进程中，必然要引入新思想、新理念和新方法，帮助传统营造技艺匠人们拓宽眼界、更新知识，帮助传承人群提高传承能力，增强传承后劲，使其更好地适应当下传统营造技艺保护传承的发展需要。

5.1.3　传统营造技艺传承人的记录工作

早在 20 世纪 30 年代，中国营造学社朱启钤先生已经洞察到对传统工匠技艺进行保存记录的重要性，"吾人幸获有此凭借，则宜举今日口耳相传，不可长恃者，一一勒之于书，如使留声摄影之机，存其真状，以待后人之研索。非然者，今日灵光仅存之工师，类已踽踽穷途，沉沦暮景，人既不存，业将终坠，岂尚有公于世之一日哉"。学社同仁将这种认知付诸实践，一方面广泛收集传统营造做法、抄本、算例等资料，另一方面走访民间工匠，将他们的工艺经验和施工心得记述下来。

20 世纪 90 年代初，作为营造学社的成员，时任故宫博物院院长的单士元先生有感于老工匠的不断离世和传统技艺的濒危失传，也指出过抢救记录传统营造技艺的重要性和紧迫性，他特别向国家文物局提交报告"近数十年来古建传统工艺技术已濒后继无人之境……过去中国建筑工艺技术、师徒之间，大都为口耳相传，结合施工实践而传于世"。建议采用录音、录像的方式对掌握传统营造技艺的老一辈哲匠大师进行记录，不但将他们的营造实践过程完整记录，还包括各种材料、工具等内容，作为以后施工的示范和准绳。时至今日，采用录音、录像方法对传统工匠及其掌握的技艺进行记录已是保护传承工作中普遍采用的方法，许多地方或行业部门在对传承人相关历史、传承、技艺等进行系统全面的文字留存、音像记录，将传承人口述史列为非物质文化遗产保护的重要内容进行抢救性保护。

对传统营造技艺代表性传承人的记录可以分为信息采集、口述记录和实践活动的记录三个部分。信息采集包括对传承人本身的采集和传承谱系的采集。口述记录主要通过访谈的形式，对传承人自身和其技艺相关人员进行记录，如传承人的师傅、徒弟、家人、研究者以及区域内的居民。通过对传承人的学艺经历、师承关系、工艺经验、带徒传艺情况、传承传播实践情况等方面进行全面的调查记录，形成充分的文化背景、文化生态的信息搭建。实践活动的记录应包含传承人对营造技艺的各个工艺环节和技术要点的操作和讲解详细过程，还应包含具体的场地信息、材料工具、仪式信俗等。

5.2 传统营造技艺传承途径的保护

传统营造技艺传承途径是传统营造技艺传承有序、可持续发展的重要方面。以常态化的技艺传承模式促进人才培养长效机制的形成。

5.2.1 家族传承与师徒传承模式

以家族传承或师徒培养为主的传统传承模式，在当下也是传统营造技艺极为普遍的传承方式。传承人的培养和成长，或说传统营造技艺的传承有其自身规律，在传统社会拜师学艺有着严格的规矩和程序，而学艺的过程同时也是做人的过程，其中主要包括拜师、学徒、出徒几个阶段，之后独立门户，成为一名成熟的匠师，并带徒传艺，将传统技艺一代一代传递下去。

《管子·小匡》有载："今夫工群萃而州处，相良材，审其四时，辨其功苦，权节其用，论比计制，断器尚完利。相语以事，相示以功，相陈以巧，相高以知，旦夕从事于此，以此教其子弟，少而习焉，其心安焉，不见异物而迁焉。是故其父兄之教，不肃而成，其子弟之学，不劳而能。夫是，故工之子常为工。"可见家族式的传承模式在传统营造技艺的传承方式中普遍而又源远流长。如香山帮营造技艺国家级传承人陆耀祖，其祖上世代为香山帮匠人，他从 16 岁开始随父亲学艺，从事香山帮木作工艺。他的太祖父姚三星为木作名师，在嘉兴开有作坊，曾祖父姚桂庆、叔曾祖姚根庆在木渎开有作坊，叔祖父姚建祥、姚龙祥、姚龙泉则分别在东山、木渎开过木工作坊。陆耀祖的父亲陆文安随太祖母姓陆，也是一代香山帮木作名师。陆耀祖从小得到父亲陆文安教授木作技艺，长期在一起工作，学习传统建筑的大木作、木装折工艺的技能和知识。

流传于浙闽地区的木拱桥传统营造技艺也多是以家族内部传承的方式口传心授，代代相传。目前已确认的传承世家有浙江省泰顺县董氏造世家，福建省寿宁县徐氏与郑氏造桥世家、屏南县黄氏造桥世家、周宁县张氏造桥世家等。再如传承雁门民居营造技艺的山西省忻州市杨氏家族。雁门民居营造技艺主要分布在晋北代县及周边地区，代县杨氏木匠家族作为这一地区传统木结构建筑营造技艺的传承者，至今已传承至第 40 代。国家级代表性传承人杨贵庭从十几岁起就随父亲学习技艺，在 20 世纪 80 年代成立了山西杨氏古建筑工程有限公司，公司由传承数代的木工世家子孙组成，也是雁门民居营造技艺项目的保护单位。杨氏家族对技艺的承传并不保守，也对外姓传承，在集体合作的营造活动中由师傅带领徒弟们完成具体的营造工作，同时也注重吸收、聘请民间优秀木匠、泥匠等充实并传承技艺。

尽管时代变迁，师徒授受、口耳相传和长期实践仍是传统营造技艺传承的主要方式。家族式、师徒式的传承方式在当下虽然有一定的局限性，但仍有其难以替代的巨大优势。这种传承方式通过师傅和徒弟、父亲和儿子共同生活、共同劳动，通过耳濡目染、言传身教的方式进行技艺的传承，其中的精神性传递是大规模现代教育模式培养所不能做到的，在长期的营造实践和氛围中培养出匠人对技艺的感觉与思维方式，即身心合一的身体记忆所特有的能力。许多技艺的传授仅依靠文字和语言是无法做到的，操作时的力度、方式、诀窍更是无法用语言表达的。如故宫营造技艺国家级传承人李永革先生（图 5-2）所说，徒弟得有"筋劲儿"，就是"火候和分寸的掌握"。

图 5-2　故宫营造技艺国家级传承人李永革先生

5.2.2　现代教育与培训传承

作为非物质文化遗产的传统营造技艺是以人为本的活态文化遗产，人才培养是其保护传承工作的重要内容，也是其可持续发展的重要保障。2003 年《保护非物质文化遗产公约》倡导在各缔约国教育制度和政策范围内，应该"尽力通过在相关社区和群体内开展具体教育和培训项目，使非物质文化遗产在社会中得到确认、尊重和弘扬，发挥其对可持续发展的重要作用"。同时，业务指南第 180 条明确鼓励将非物质文化遗产尽量融入所有相关学科的教育项目中，加强各种教育实践和体系之间的协作和补充。无论是正规还是非正规的教育传承方式，都是确保传统营造技艺传承的有效措施。

2011年我国颁布的《非遗法》也指出，学校也应当开展非遗的教育工作。多年来，我国在非物质文化遗产传承培养方面积极探索，不断寻找符合我国教育制度和政策的传承方式。从前些年前开展的"非遗进校园"，到目前许多大专院校开设了非物质文化遗产保护的相关专业，再到实施"中国非物质文化遗产传承人群研修研习培训计划"，我国正从国家层面将教育与非物质文化遗产保护相融合，积极响应联合国教科文组织"通过正规和非正规教育"增强非物质文化遗产生命力的倡导。现代学校教育和培训方式对传统营造技艺的传承是有力的促进和积极的补充，可以在很大程度上弥补传统传承方式脆弱这一不足。

1. 传统营造技艺学科教育的建设

新形势下的传统营造技艺人才培养需要更具全局化的视角。大专院校应探索学历与非学历教育并举、教育方式多元的传统营造技艺人才培养体系，联合政府、行业、企业，搭建协同育人平台。

首先，可以考虑将传统营造技艺纳入学科教学体系，探寻行之有效的学科教育体系下的传承模式。在高等院校中，可以尝试创新人才培养方式，开设传统营造技艺相关专业和课程，积极聘请传统营造技艺项目代表性传承人担任实践导师，聘请研究传统营造技艺的专家学者担任理论导师，共同培养非遗高层次人才。学校可以在教育部门的组织指导下，结合地区传统营造技艺编写适合学生的教学大纲、教材和教案，开设与传统营造技艺相关的普及型知识课程。其次，可以通过大中专职业教育、成人教育、继续教育等形式，为传统营造技艺实践储备技术型人才。依托相关大专院校、职业院校开展传统营造技艺传承人群研修、研习和培训。还应鼓励高校、研究机构、企业等设立传统工艺的研究基地、实验室等，从而借助高校教育教学、专业学科的优势，加强传统营造技艺的传承实践。

2016年3月，柳州城市职业学院成立了"广西柳州市侗族木构建筑营造技艺研究与传承基地"，是柳州市群众艺术馆实施的将传统技艺传承保护融入高校专业的一项创新举措。学院建筑工程与艺术设计系率先开设"侗族木构建筑营造技艺"课程，带领学生长期对侗族木构建筑进行田野考察、测绘、传统匠人采访、资料和实物收集，同时聘请代表性传承人和民间匠人进入课堂授课，传授技艺。引导学生将传统技艺及其文化融入建筑设计、装饰设计等课程教学和专业实践当中。在研究基地内设有"侗族木构建筑营造技艺"博物馆、鼓楼及木工实训室等。展出了侗族木构建筑模型、传统营造工具、多座风雨桥与鼓楼的设计图纸以及文物修复的工程图纸等资料和学术研究成果（郭凯倩，2016）。基地还注重青少年的普及性教育，组织当地的中小学生进行实地参观学习活动。类似的还有德胜—鲁班（休宁）木工学校[1]、安徽行知学校[2] 等。

2.传统营造技艺传承人研修培训

在非遗保护的大背景下，开展研修培训是当下传承工作可持续不可或缺的重要组成，传统营造技艺培训的核心对象是传承人，营造技艺传承人研培不同于建筑遗产保护的培训，较其他传统工艺的培训也有自身的特殊性和复杂性。传统营造技艺的培训工作在法律法规、知识普及等研修的基础上，更注重实践与技能的培训。

2013 年 11 月，故宫博物院举办首期"官式古建筑营造技艺培训班"，共招收15 名学员，面向故宫博物院从事木作专业实际操作的施工人员，主要设置了古建筑识图、故宫古建筑特点以及官式技艺在修缮中的应用等方面的课程，重点对实践与操作能力进行培训，旨在推动故宫修缮事业和官式古建筑营造技艺传承的双重发展。此后受国家文物局委托，故宫博物院自 2014 年至 2019 年共举办 5 期"官式古建筑木构保护与木作营造技艺培训班"[3]，极大地丰富和提高了文物系统专业技术人员官式古建筑木构保护与木作营造技艺方面的知识和技能。

2015 年文化部、教育部联合启动实施"中国非物质文化遗产传承人群研修研习培训计划"。2016 年 10 月，北京建筑大学举办了"传统建筑营造技艺（瓦砖作砖雕）培训班"，课程设置分为政策法规、专业知识、技艺调研、交流创作、展览研讨五

---

[1]德胜—鲁班（休宁）木工学校是 2003 年创办的一所职业学校，由德胜洋楼有限公司投资，设置木工工艺、木雕、砖雕等专业，旨在培养一批年轻工匠。
[2]学校成立于 1983 年，设置了徽派艺术专业，主要培养徽雕艺术传承人。
[3] 分别为 2014、2015、2017、2018、2019 年。

个部分，帮助传承人群"强基础、拓眼界、增学养"。学员通过与行业专家交流、与同行互动，对非遗保护、技艺传承有了更深层次的认识。至 2019 年，北京建筑大学已成功举办四期"传统建筑营造技艺培训班"，通过培训促进传承人群增强文化自信、提升技艺水平和设计理念，同时培训工作也是北京市文旅局非遗扶贫工作的一部分，借此可以增强传承人与当代生活和市场结合的能力，从而帮助技艺传承人群脱贫增收。2018 年 1 月 2 日，由文旅部指导、北京市文化和旅游局委托，北京大学考古文博学院举办了"中国非遗传承人群——传统民居营造研修班"，招收了来自安徽、福建、甘肃、贵州、江西、山西、浙江、云南等省份的 27 位非遗传承人，以帮助非遗传承人群强基础、拓眼界、增学养为宗旨，以提高非遗传承人群传承能力和传承水平为目的 [1]。

各地区的文化主管部门与非遗保护管理部门对传统营造技艺的研培工作也取得相应的成果，如广西非物质文化遗产保护中心对侗族木构建筑营造技艺的非遗数字化保护试点工作，2016 年、2018 年广西非遗保护中心依托广西民族大学举办了为期一个月的木构建筑营造技艺传承人群培训班，将理论、实践与参观考察结合，帮助传承人提高文化艺术修养、审美能力和创新能力。2016—2019 年，由浙江省文旅厅主办，东阳市非物质文化遗产保护中心、浙江广厦建设职业技术学院承办的"非遗传承人群传统民居营造技艺培训班"成功举办了四期，利用东阳丰富的传统民居遗存和深厚的营造技艺积累，通过考察、实训、技艺交流等形式，围绕理论政策、专业基础、创作实践等内容，使传承人的综合能力得到提升。这些培训工作的核心目的在于帮助传承人群提升传承能力。对传承人的培训应关注当下科学保护技术和理念的灌输，致力于培养既有先进保护理念又掌握传统营造技艺的人才。

---

[1] 此次培训结束后，在 2018 年 12 月举办了学员成果展暨传承交流会，展出了学员经过一年实践完成的建筑及雕刻模型。北京大学考古文博学院 http://archaeology.pku.edu.cn/info/1162/1461.htm

5.2.3　行业组织与营造团体的传承

工匠们以开办工厂或工作室的形式自发形成营造团队、行业协会，将传统的师徒传承与现代的公司制度结合起来，利用传统营造技艺的传习基地、博物馆等场所，通过组建传统营造技艺保护的行业组织或协会来进行传承保护。行业组织与协会的建立能够为传统营造技艺保护的相关主体搭建交流与互动的平台，在行业内部协定保护规范，对良性的行业发展有一定的促进作用。目前我国已有许多与传统营造技艺保护相关的全国性和地方性协会，可通过举办相应的比赛、培训、展览、论坛等活动，对传统营造技艺的传承保护起到了积极的作用。

2018年10月27日至29日在山东省曲阜市举办的"全国文物修复职业技能竞赛"，便是由中国文物保护技术协会、中国文物学会和山东省文物局共同主办的，竞赛设置的四个组别中有两个与传统营造技艺相关，分别是古建筑清水砖墙修复组、古建筑木构件修复组。比赛中对匠人的技艺进行评比、认定，一定程度上增加了行业内的交流，促进了匠人们对自身技艺的认识和定位并增强了匠人们传承的责任感，形成了一定的社会影响。中国民族建筑研究会主办的中国传统建筑营造技艺传承人年会于2017年、2019年在西安和上海成功举办了两届，会议聚集了全国传统建筑营造技艺传承人、名师名匠、非遗传承人，古建专家，古建园林施工企业负责人等，围绕当下传统营造技艺保护传承的重要问题进行研讨，不仅扩大了传统营造行业组织的影响力，也使更多的传统营造技艺传承人的力量得到凝聚。

5.2.4　面向公众的普及宣传

"保护之法，首须引起社会注意，使知建筑在文化上之价值……是为保护之治本办法。"（梁思成，1932）面向公众的传统营造技艺传承的目的是通过普及与宣传等形式，促进更广泛的群体对文化遗产的了解、认识，以及文化自觉的形成。当下主要的问题一方面是公众还没有形成普遍的非物质文化遗产与传统营造技艺保护意识，保护自觉性还需建立；另一方面是缺乏公众参与传统营造技艺保护的机制建设，参与途径和提升认知的途径都较为有限。

1931年《雅典宪章》表示教育者应该教育儿童和年轻人对人类所有时期文明具

体见证之物予以更多的关心。对青少年进行项目知识的宣传和普及，可以通过不定期举办动手活动、亲子培训等方式，激发青少年的兴趣，从而形成立体式的培养体系。在这方面可以参考已经被列入联合国教科文组织"非物质文化遗产优秀实践名录"的"传统文化中心——普索尔教育计划的学校博物馆"和"印度尼西亚北加浪岸的蜡染布博物馆——小学、初高中、职业学校和工艺学校的非物质文化遗产教育和培训"两个项目。西班牙普索尔学校博物馆（Museo Escolar de Pusol）教育计划是将乡土遗产结合到当地乡村学校正式的课程中，学生通过实地采集遗产项目信息、作田野调查、接触传承人、设计博物馆的展陈及为展示活动撰写文本。这种方式是自下至上的文化保护措施的可行性的典范。

我国的传统营造技艺项目涉及区域广泛，技艺项目所在地如果能够将项目的内容提取加工，作为中小学课堂知识的一部分，或作为课外活动纳入学校课程，使学生在学习时期就能够萌发自学与探索技艺项目的种子，这样可增强学生对传统营造技艺保护的意识、对家乡遗产的珍视。

随着大众媒体的丰富，大量的展览、电视广播、网络媒介的宣传介绍都对传统营造技艺的宣传与普及产生了推动作用。2019年6月8日，文旅部非遗司、中央广播电视总台央视综艺频道、文旅部民族民间文艺发展中心联合制作了中华优秀传统文化传承发展工程支持项目——《非遗公开课》，作为"文化和自然遗产日"的特别节目。选取了十余项非遗代表性项目，其中就有中国传统木结构营造技艺、中国木拱桥传统营造技艺、官式古建筑营造技艺，邀请相关项目代表性传承人登台，通过演示相同比例尺寸的故宫太和殿鎏金斗拱模型和现场搭建微型木拱桥等方式，以更直观的形式呈现、宣传传统营造技艺。

5.3 传统营造技艺传承机制的保护

在保护好传承人与传承方式的同时，还要对传承机制予以保护，形成全面的传承环境的保护。目前我国已完成了基本的非遗传承机制建设，对代表性传承人的认定与管理也有相应的制度保障，但距离形成良性循环、可持续发展的保护传承机制还有一系列问题有待解决，需要在政府主导、多方协调的过程中持续完善配套的政策和法规，发展科学有效的传承理念和传承保护模式。

联合国教科文组织1993年即建立了"活的人类财富"制度，并在2003年发布了《建立"活的人类财富"国家体系指南》，指南指出："'活的人类财富'是指在表现和创造非物质文化遗产具体要素时所需的知识和技能方面有着极高造诣的人，是已经被成员国挑选的现存的文化传统之见证，也是生活在该国国土上的群体、团体和个人之创造天赋的见证。"指南同时还就保护方式提出了建议："实现非物质文化遗产可持续性保护的最有效方法之一就是保证非物质文化遗产的传承人进一步发扬这些知识和技能，并将这些知识和技能传给下一代。"总结当下传统营造技艺保护传承的实际情况可以看到，我国也进行了大量具有针对性的传承保护工作。对传统营造技艺传承机制的保护，需要政策与配套法规制度上的保证。我国已经建立了与四级代表性名录体系相对应的四级代表性传承人认定机制，建立多梯队的代表性传承人队伍。

2008年文化部颁布的《国家级非物质文化遗产项目代表性传承人认定与管理暂行办法》，就已经对代表性传承人的认定标准、权利义务等内容做出了规定，对代表性传承人开展传习活动，对其基本生活也都有相应的保障措施。同时，对励匠机制和传承人资格认证方式的探索也是当下传统营造技艺传承机制建设的重要方面。如对做出突出贡献的技艺传承人给予表彰和奖励，在知识产权保护、融资税收等方面也应给予优秀的传承人一定的政策倾斜等。对传承机制的建设，我们在第二章已经进行过论述，此处不再详细展开。在当下开展传承保护工作时，除了关注代表性传承人的保障机制，还应关注一般性传承人与传承参与者的利益和现状，因为在传统营造技艺项目中一般性传承人数量较大，也是传承的重要力量。

5.4 本章小结

对传承人的保护研究是传统营造技艺保护工作的重要组成。传承人及其传承活动是传统营造技艺存续和发展的基本条件和根本保证，传承人肩负着重要的历史责任，理应享有崇高的社会地位，同时也要履行自己神圣的义务。本章从传统营造技艺传承人的保护、传承途径的保护以及传承机制的保护三个方面分别展开，试对当下传统营造技艺中传承保护的相关问题进行具体探讨。

本章第一节首先对我国传统营造技艺传承人的保护背景和现状进行了梳理，其次分析了当下因传承人老龄化严重、后继传承人补充不足以及传承理念与方法有局限所造成的传承人保护的紧迫性。在此基础上在第二节中从家族传承与师徒传承、现代教育与培训传承、行业组织与营造团体的传承以及面向公众的普及宣传四个方面对传承保护的具体途径进行讨论，试构建完整的传承保护方式体系。第三节对我国当下传统营造技艺的传承机制进行讨论，因在第二章有过相应的论述，本章此节只作了简单的论述。

对传承人的保护是非物质文化遗产保护的核心。非物质文化遗产与物质遗产最显著的区别就在于它是否是在当下仍活态发展的遗产，传统营造技艺的存续发展应在传承人的实践活动中完成，即处于"活体"传承和"活态"保护中。尽管传统营造技艺可以被记录，但它的发生、发展与创作都是以系于工匠身上的记忆和技艺为基础的。传承人作为这种活态遗产的传承主体，有其必然的责任。失去传承人及传承活动，传统营造技艺也只会成为纸上的文字或媒介中的影像，成为博物馆的藏品。"保护非物质文化遗产的最好方式就是通过人类创造力不断适应复杂多变的环境。当拥有必要的手段和机会来表达他们的创造力时，非物质文化遗产的传承人不仅保护他们的活态遗产，而且还会推动以更可持续的方式共同生活在具有可恢复性和包容性的和平社会中。"[1]

---

[1] 奥黛丽·阿祖莱：《保护非物质文化遗产公约》（2018 年版），序言。

造成当下传统营造技艺传承保护困境或瓶颈的因素是多方面的，包括传承方式本身的变化、匠人及传承人地位以及环境、社会文化观念等，还包括建筑材料、工具、工艺技术本身的变革，这些因素使得传统技艺赖以支撑的传统营造体系发生了变化。此外，现代社会中新的生活方式和谋生手段、新的科学技术和审美观念、娱乐方式等都对传统文化产生了一定的冲击。在当前情势下，我们不但应倡导全民的文化自觉，提高传承人的社会地位，培育传承环境，而且应切实研究适应社会与行业发展需要的传承机制，在传统传承机制上进行创新发展，这已是一项刻不容缓的重要文化工程。

结语：中国传统营造技艺保护的当下与未来

"脱离人或文化背景的发展是一种没有的灵魂的发展。"

"A nation stays alive when its culture stays alive."

——National Museum of Afghanistan

（一）

文明的发展有赖于一个民族对自身文化的记忆和传承。非物质文化遗产作为人类文化多样性的重要载体，也是人类社会文明的见证。对非物质文化遗产的保护不仅是"国家和民族发展的需要"，还与当下倡导的人类社会可持续发展、构建人类命运共同体的需求是一致的。中国传统营造技艺凝结了中国传统文化中人与天地、自然和谐有序的普遍共识，承载与见证了千百年来延续至今的文化与精神。

从学科发展的角度看，以非物质文化遗产视角切入的传统营造技艺保护，融合了对营造源流、方式、营造组织、实践、参与者与营造制度多方面的考察、研究与思考，形成传统营造技艺与建筑本体的研究构成的一体两面的研究成果，共同推动文化遗产保护、建筑遗产保护等学科向前发展。从社会层面看，对传统营造技艺的研究与关注也将促进公众对营造技艺相关的建筑遗产、文化习俗的重新审视，增进有着相同的文化背景的社会群体之间的相互认同，对形成更广泛层面的文化自觉也有其自身的意义。

文化遗产保护的过程逃不开"过往即他乡"性质的解读，对传统营造技艺的保护也必然通过当下的文化认知，与当下的文化阐释融合。在今天研究传统营造技艺并不为"重塑往昔"，对传统营造技艺的保护与研究所成全的，更像是留存一种"可触摸的历史"，面对现实和未来，充实、完善集体对文化遗产价值的认知并拓展认知的深度和广度，将我们自己融入更大的文化回声中去，为文化自觉的形成尽一份责任。如洛文塔尔所说，"我们需要一个坚实的过去来确认我们的传统，见证我们的身份，并为当下赋予意义"。传统营造技艺及其依托的建筑遗产是构建民族文化记忆、触动集体乡愁的重要部分。非物质文化遗产以其活态流变传承绵延，各类型的传统营造技艺更是场所历史的忠实记录，是"记忆"与"技艺"的互动与交叠。承载场所的过去，诠释当下，也铺就未来。

1944 年，梁思成先生在《为什么研究中国建筑》中曾感慨面对西式的工艺与建筑，研究中国建筑是"逆时代的工作"。而今建筑遗产的保护已成为政府工作的一部分，对传统营造技艺及建筑遗产等相关问题的研究也成为学界研究的重点，"文化遗产""文物建筑""非遗"也成为公众关注的话题。加入《保护非物质文化遗产公约》以来，传统营造技艺从被寻找、被看到，到被关注、被研究，在非物质文化遗产保护和建筑遗产保护工作的共同推进下，我们对中国传统营造技艺的研究逐渐丰富、多元，认识也逐渐深化。

　　对传统营造技艺的保护聚沙成塔，形成了从概念到实践的丰硕保护成果，其中包含各方保护主体的共同努力。回看一代代学者、从业人员的研究与探索，面对国际发展的新形势与新动态，我们深知，我国的非物质文化遗产以及传统营造技艺的保护还有相当大的前进空间，需要我们继续努力。面对当下传统营造技艺保护前进过程中面临的问题、矛盾与困境，需要探索一条符合我国非物质文化遗产保护现实情况，同时又兼顾传统营造技艺自身特性的保护道路。

（二）

　　本书针对当下中国传统营造技艺保护体系构建的具体问题进行研究，在梳理这些问题形成原因、产生现状的基础上，试从多角度、多层次对构建科学、合理的传统营造技艺保护体系进行探讨，主要进行了以下几个方面的工作。

　　——从宏观历史人文的视角，对 20 世纪以来我国传统营造技艺的保护实践资料进行全面的收集、整理与分析，完成对传统营造技艺保护实践完整脉络的梳理，通过历史发展过程对我国传统营造技艺的保护工作形成整体认识。

　　——从行政管理体系、法律法规体系以及保护制度体系三个方面，对我国传统营造技艺保护制度建设的现状进行了分析，同时针对三方面存在的问题提出了相应的可行性方案。试通过建立健全管理机制、完善配套法律法规体系，以及覆盖完善的保护制度形成合力，在现有的管理机制下，寻求更优的保护制度。

　　——构建了层次完整的传统营造技艺项目评估体系。分析并明确了传统营造技艺项目评估的目的、标准、方式和流程。通过对传统营造技艺项目的价值评估与现状评估进行要素和指标内容的搭建，形成具有操作性的保护分级模型。同时对传统营造技艺项目代表性传承人评估的要素与方式进行梳理，明确了评估指标、方法和内容，形成了完整的传统营造技艺项目综合评估方式。

——对传统营造技艺的保护主体、保护内容与保护原则进行了分析与阐释，以科学的保护理论和具体的保护实践为基础，从整体性保护、生产性保护、研究性保护、展示性保护、数字化保护五个方面对传统营造技艺项目的保护途径进行具体探讨，形成全方位保护策略的具体建构。

——从传承人保护、传承途径保护、传承机制保护三个方面探讨了传统营造技艺传承保护的问题。除了对传承人系统的记录与研究，在传承途径方面需要提升传统营造技艺的实践频次、保障后继人才的规模与技艺水平。在技艺实践中把握好包括传统营造材料、工具，传统工序工艺，营造仪式、习俗等在内的传承实践过程，将传统营造技艺与现代文物保护技术合理地应用于当下的保护工程中，在实践中传承，在传承中保护，这也是营造技艺保护传承的必经之路。

对我国传统营造技艺保护体系进行研究，是现阶段传统营造技艺保护工作的现实需求。对传统营造技艺保护体系进行研究，对加强传统营造技艺认识、完善传统营造技艺保护与传承途径、提升传统营造技艺整体内涵等具有重要的理论与现实意义。观念与价值的变化使人们在与文化遗产的对话中不断形成新的判断和选择，所以传统营造技艺的保护实践没有直接或不变的发展之法，对传统营造技艺保护体系的探讨，除了需要面对传统营造技艺保护工作的自身特性，还需要在非物质文化遗产与物质文化遗产宏观视野下予以关怀，在文化遗产保护的大背景下去思考保护实践工作，这需要在漫长的保护实践中持续进行，其中包含各方力量的研究、实践、反思、再实践的过程，需要政府、保护机构、学界、公众等力量的共同协作、持续推动。

（三）

从宏观的文化角度来看，我国非物质文化遗产保护工作"紧锣密鼓"地进行，这既是对以往文化遗产保护中缺失的非遗部分的弥补，又是对整体文化建设的实践需求。对非物质文化遗产的充分认识、保护和利用也是当下我国从文化遗产大国向文化遗产强国转化过程中重要的工作组成。如北京大学高丙中教授所说，非物质文化遗产的保护事业"在中国的发展既是一项公共文化事业，也是一项惠及经济、社会各个方面的综合性基础工作，具有促进现代国家建设的战略意义"（高丙中，2020）。当下对非遗项目保护的要求也进入对保护成效的追求。2017年在全国非物质文化遗产保护工作会议上，原文化部副部长项兆伦曾提出，判断非遗项目是否得到有效保护可以从六个标准入手，"一是看实践活动是否持续并富有活力；二是看基本实践方式，如手工技艺之于某些传统工艺项目，是否得到保持；三是看基本文化内涵是否得到尊重；四是看具有当代价值的文化精神是否得到弘扬；五是看相关社区、群体和个人的实践、传承及再创造权利是否得到尊重；六是看传承人群是否得到保持乃至扩大"。在当下阶段对传统营造技艺的保护研究与实践、对保护成效的考察也集中于这些方面。

在这个迅速变化和发展的时代，文化遗产科学保护体系的构建工作日益复杂，在面对中国传统营造技艺保护的问题时，同样应保持科学的观念与开阔的视野。对传统建筑营造保护体系的构建与研究不是封闭的、停滞的，而是随时代不断拓展的。鉴于当下文化遗产保护实践日益精致化和不断分化，为了更好地做好传统营造技艺的保护与传承工作，使之与建筑遗产保护工作共赢发展，我们需要在持续的研究与实践中构建一个促进理论认知、法规制度建设、学科建设、创新研究等方面共同发展的完整性保护体系。

传统营造技艺的保护是一项持久、涉及内容庞杂的工作，保护工作是在现代化迅速发展的过程中探求传统营造技艺共生发展的道路，保护的愿景是激发营造技艺项目自身的生命力与社会公众共同的文化自觉，将保护的成果回馈于传统营造技艺所根植的人民生活，是共同谱写全民族文化繁荣的新篇章。在当下非遗保护工作深入推进的良好态势下，应保持对传统营造技艺保护规律的冷静观察、对技艺发展方式的深切反思，继而探寻保护传统营造技艺项目合理有效的路径与方法，做到"持之以恒，不断摸索、适时调整、总结升华"（邱春林，2012），合理有效地推动各技艺项目共同发展。如原文化部副部长王文章先生在《中国非物质文化遗产》杂志的发刊词中所写，"坚定文化自信，坚守本体规律，坚持守正创新"，正是当下非遗保护发展的核心与重点。

对于传统营造技艺的保护不应以数量为标准，而应从技艺保护发展的角度谋篇布局，通过加强制度管理、完善保护策略，努力提升传统营造技艺内涵，通过科学合理的传统营造技艺保护体系的建设，切实把传统营造技艺保护好、利用好、传承好，继而为增强民族凝聚力、坚定文化自信贡献力量，服务于新时代背景下我国优秀传统文化的创造性转化与创新性发展，切实推动社会主义文化繁荣兴盛。

参考文献

[1]王文章.非物质文化遗产概论[M].北京:文化艺术出版社,2006.

[2]常青.建筑遗产的生存策略:保护与利用设计实验[M].上海:同济大学出版社,
2003.

[3]林佳,王其亨.中国建筑遗产保护的理念与实践[M].北京:中国建筑工业出版社,
2017.

[4]李荣启.非物质文化遗产科学保护论[M].北京:中国文联出版社,2020.

[5]钱永平.UNESCO《保护非物质文化遗产公约》论述[M].广州:中山大学出版社,
2013.

[6]杨红.非物质文化遗产展示与传播前沿[M].北京:清华大学出版社,2017.

[7]LOWENTHAL D. The past is a foreign country[M]. Revisited. Cambridge: Cambridge
University Press,2015.

[8]刘致平.中国建筑类型及结构[M].北京:中国建筑工业出版社,2000.

[9]中国科学院自然科学史研究所.中国古代建筑技术史[M].北京:中国科学出版社,
1985.

[10]刘托,程硕,黄续,等.徽派民居传统营造技艺[M].合肥:安徽科学技术出版
社,2013.

[11]刘托,马全宝,冯晓东.苏州香山帮建筑营造技艺[M].合肥:安徽科学技术出版
社,2013.

[12]李浈.中国传统建筑木作工具[M].上海:同济大学出版社,2004.

[13]李浈.中国传统建筑形制与工艺[M].上海:同济大学出版社,2006.

[14]陈志华,李秋香.中国乡土建筑初探[M].北京:清华大学出版社,2012.

[15]姚承祖.营造法原[M].张至刚,增编.北京:中国建筑工业出版社,1986.

[16]梁思成.清式营造则例[M].北京:清华大学出版社,2006.

[17]中国营造学社.中国营造学社汇刊[M].北京:知识产权出版社,2006.

[18]吴美萍.中国建筑遗产的预防性保护研究[M].南京: 东南大学出版社，2014.

[19]宋俊华.中国非物质文化遗产保护发展报告[R]. 北京: 社会科学文献出版社，2018.

[20]文化部非物质文化遗产司.非物质文化遗产大律法规资料汇编[G].北京: 文化艺术出版社，2013.

[21]联合国教科文组织世界遗产中心，国际古迹遗址理事会，国际文物保护与修复研究中心，中国国家文物局.国际文化遗产保护文件选编[G]. 北京: 文物出版社，2007.

[22]崔勇.中国营造学社研究[M].南京: 东南大学出版社，2004.

[23]刘托.中国传统建筑营造技艺的整体保护[J].中国文物科学研究，2012(4): 54-58.

[24]曾昭奋.莫宗江教授谈《华夏意匠》[J].新建筑，1983(1): 75-78.

[25]李浈.关于传统建筑工艺遗产保护的应用体系的思考[J].同济大学学报(社会科学版)，2008，19(5):7-32.

[26]陈岸瑛.非物质文化遗产保护中的守旧与革新[J].美术观察，2016(7): 11-14.

[27]郭璇，冯百权.传统营造技艺保存的发展现状及未来策略[J].新建筑，2012(1): 140-143.

[28]巴莫曲布嫫.非物质文化遗产: 从概念到实践[N].民族艺术，2008(1): 6-17.

[29]宋俊华.构建人类命运共同体与非遗保护[N].中国文化报，2018-01-29.

[30]诸葛净.营造/建筑[J].建筑文化研究，2011: 327-337.

[31]王骏阳."建构"与"营造"观念之再思——兼论对梁思成、林徽因建筑思想的研究和评价[J].建筑师，2016(3): 19-31.

[32]朱启钤.中国营造学社开会演词[J].中国营造学社汇刊，1930, 1(1): 1-10.

[33]刘涤宇.朱启钤《中国营造学社缘起》研究——纪念中国营造学社筹组90周年[J].建筑遗产，2019(4): 37-42.

[34]朱启钤.中国营造学社缘起[J].中国营造学社汇刊，1930, 1(1): 1-6.

[35]刘畅.样式房旧藏清代营造则例考查[J].建筑史论文集，2002(3): 25-29，274.

[36]徐怡涛.《哲匠录》的洞察与回响[J].读书，2017(7): 119-123.

[37]阚铎.参观日本现代常用建筑术语词典编纂委员会纪事[J].中国营造学社汇刊，
1931，2(2): 1-8.

[38]朱启钤.营造算例印缘起[J].中国营造学社汇刊，1931，2(1): 1-4.

[39]温玉清，殷力欣，刘志雄.世守之工薪火相传: 恢复组建"文物保护传统技术与
工艺工作室"纪略[J].建筑创作，2007，91(1): 88-97.

[40]温玉清.中国建筑史学研究概略(1949—1958) [J].建筑师，2005(1): 48-50.

[41]何滢洁，张龙.单士元对中国传统营造工艺的研究与实践[J].建筑遗产，2020(4):
33-40.

[42]罗哲文.古建筑维修原则和新材料新技术的应用——兼谈文物建筑保护维修的中
国特色问题[J].古建园林技术，2007(3): 29-33,20,25.

[43]赖德霖.经学、经世之学、新史学与营造学和建筑史学——现代中国建筑史学的
形成再思[J].建筑学报，2014(9): 108-116.

[44]马炳坚，李永革.我国的文物古建筑保护维修机制需要调整[J].古建园林技术，
2011(1): 8-11.

[45]陆建松.中国文化遗产保护管理的政策思考[J].东南文化，2010(4): 22-29.

[46]苑利.非物质文化遗产传承人研究[J].厦门理工学院学报，2012，20(3): 1-5.

[47]萧放.关于非物质文化遗产传承人的认定与保护方式的思考[J].文化遗产，
2008(1): 127-132.

[48]晋宏逵.中国文物价值观及价值评估[C] //新时代 新征程: 中国建筑遗产保护70年
学术论坛论文集. 2019: 40-53.

[49]孙华.遗产价值的若干问题——遗产价值的本质、属性、结构、类型和评价[J].中
国文化遗产，2019(1): 4-16.

[50]徐凌玉，张玉坤，李严.明长城防御体系文化遗产价值评估研究[J].北京联合大学
学报(人文社会科学版)，2018，16(4): 90-99.

[51]钱永平.非物质文化遗产的价值评估与保护实践[J].重庆文理学院学报(社会科学
版)，2012，31(6): 1-7,24.

[52]尹华光，彭小舟.非物质文化遗产价值评估研究[J].中国集体经济，2013(1): 124-
126.

[53]许雪莲，李松.非物质文化遗产保护中的评估机制与实践[J].中南民族大学学报(人文社会科学版)，2019，39(5): 38-42.

[54]朱向东，薛磊.历史建筑遗产保护中的科学技术价值评定初探[J].山西建筑，2007，33(35): 1-2.

[55]李浈，吕颖琦.南方乡土营造技艺整体性研究中的几个关键问题[J].南方建筑，2018(6): 51-55.

[56]朱光亚.东方文化积淀对中国建筑遗产保护理念和实践的影响[J].建筑学报，2019(12): 7-13.

[57]海野聪，俞莉娜.日本木构古建筑的生命周期——建筑修缮的过去、现在与未来[J].建筑遗产，2019(4): 43-50.

[58]廖明君，周星.非物质文化遗产保护的日本经验[J].民族艺术，2007，86(1): 26-35.

[59]赵玉春，张欣.中国传统木结构营造技艺列入联合国教科文组织非物质文化遗产名录10周年访谈[J].中国艺术时空，2019(6): 12-16.

[60]陆地.不可移动文化遗产"保护"话语的寓意[J].建筑学报，2021(2): 104-110.

[61]纪立芳，王敏英，张德军.古建筑避蠹研究初探——以故宫养心殿内檐糊饰为例[J].自然与文化遗产研究，2021，6(1): 29-37.

[62]罗微，高舒.2016年中国非物质文化遗产保护发展研究报告[J].艺术评论，2017(4): 18-33.

[63]王文章.坚定文化自信 推进非遗保护[N].文艺报，2020-5-29.

[64]高丙中.非物质文化遗产保护实践的中国属性[J].中国非物质文化遗产，2020(1): 49-53.

[65]郭凯倩.广西柳州侗族建筑营造基地揭牌成立[N].中国文化报，2016-04-06.

[66]梁思成.蓟县独乐寺观音阁山门考[J].中国营造学社汇刊，1932，3(2): 1-92.

[67]马全宝，王阳.营造技艺类非物质文化遗产的内涵构成探析[J].古建园林技术，2017(4): 70-72.

[68]杨红，赵鹏.中国文化遗产保护中三个关键问题的思考——以故宫养心殿建筑彩画研究与保护为例[C]//中国建筑学会建筑史学分会，北京工业大学.2019年中国

建筑学会建筑史学分会年会暨学术研讨会论文集（上），2019.

[69]郭黛姮.论《传统营造技术的保护与更新》[C]//中国民族建筑研究会.中国营造
    学社建社80周年纪念活动暨营造技术的保护与更新学术论坛会刊，2009.

[70]辛塞波.基于"营造技艺"的建造教学研究[D].北京: 中国艺术研究院，2018.

[71]温玉清.二十世纪中国建筑史学研究的历史、观念与方法[D].天津: 天津大学，
    2006.

[72]常清华.清代官式建筑研究史初探[D].天津: 天津大学，2012.

[73]朱纯瑶.法国历史建筑修复中传统工艺传承对我国的启示[D].天津: 天津大学，
    2012.

[74]周恬恬.非物质文化遗产价值评估理论与方法初探[D].杭州: 浙江大学，2016.

[75]杨丽霞.新世纪我国文物类建筑遗产管理的若干基础性问题研究[D].南京: 东南大
    学，2012.

[76]吴美萍.文化遗产的价值评估研究[D].南京: 东南大学，2006.

[77]刘瑜.北京地区清代官式建筑工匠传统研究[D].天津: 天津大学，2013.

[78]李鸿昌.传统建筑工艺遗产保护中的励匠机制探讨[D].上海: 同济大学，2008.

[79]马全宝.江南木构架营造技艺比较研究[D].北京: 中国艺术研究院，2013.

[80]王琨.我国非物质文化遗产保护政策体系研究[D].西安: 长安大学，2012.

[81]李墨丝.非物质文化遗产保护法制研究[D].上海: 华东政法大学，2009.

[82]曹永康.我国文物古建筑保护的理论分析与实践控制研究[D].杭州: 浙江大学，
    2008.

[83]许涛.中国传统建筑名匠制度化发展探索研究[D].北京: 北京建筑大学，2019.

附　录

附录 A　营造技艺相关的国家级非物质文化遗产代表性项目名录（传统技艺类）

总项目序号	序号	项目序号	编号	名称	公布时间	类型	申报地区或单位	保护单位
1	1	377	Ⅷ-27	香山帮传统建筑营造技艺	2006（第一批）	新增项目	江苏省苏州市	苏州香山工坊建设投资发展有限公司
2	2	378	Ⅷ-28	客家土楼营造技艺	2006（第一批）	新增项目	福建省龙岩市	龙岩市永定区文化馆
	3	378	Ⅷ-28	客家土楼营造技艺	2011（第三批）	扩展项目	福建省南靖县	南靖县土楼管理委员会
	4	378	Ⅷ-28	客家土楼营造技艺	2011（第三批）	扩展项目	福建省华安县	福建省华安县文化馆
	5	378	Ⅷ-28	客家民居营造技艺（赣南客家围屋营造技艺）	2014（第四批）	扩展项目	江西省龙南县	江西省龙南县文化馆
3	6	379	Ⅷ-29	景德镇传统瓷窑作坊营造技艺	2006（第一批）	新增项目	江西省	景德镇市手工制瓷技艺研究保护中心
4	7	380	Ⅷ-30	侗族木构建筑营造技艺	2006（第一批）	新增项目	广西壮族自治区柳州市	柳州市群众艺术馆
	8	380	Ⅷ-30	侗族木构建筑营造技艺	2006（第一批）	新增项目	广西壮族自治区三江侗族自治县	三江侗族自治县非物质文化遗产保护与发展中心
	9	380	Ⅷ-30	侗族木构建筑营造技艺	2008（第二批）	扩展项目	贵州省黎平县	黎平县文化馆
	10	380	Ⅷ-30	侗族木构建筑营造技艺	2008（第二批）	扩展项目	贵州省从江县	从江县非物质文化遗产保护中心
	11	380	Ⅷ-30	侗族木构建筑营造技艺（通道侗族木构建筑营造技艺）	2021（第五批）	扩展项目	湖南省怀化市通道侗族自治区	通道侗族自治县非物质文化遗产保护中心
5	12	381	Ⅷ-31	苗寨吊脚楼营造技艺	2006（第一批）	新增项目	贵州省雷山县	雷山县非物质文化遗产保护中心
6	13	382	Ⅷ-32	苏州御窑金砖制作技艺	2006（第一批）	新增项目	江苏省苏州市	苏州陆慕御窑金砖厂
7	14	873	Ⅷ-90	琉璃烧制技艺	2008（第二批）	新增项目	北京市门头沟区	北京明珠琉璃制品有限公司
	15	873	Ⅷ-90	琉璃烧制技艺	2008（第二批）	新增项目	山西省	山西省非物质文化遗产保护中心

总项目序号	序号	项目序号	编号	名称	公布时间	类型	申报地区或单位	保护单位
7	16	873	Ⅷ-90	琉璃烧制技艺	2014（第四批）	扩展项目	山东省淄博市博山区	淄博爱美琉璃制造有限公司
	17	873	Ⅷ-90	琉璃烧制技艺	2014（第四批）	扩展项目	山东省曲阜市	曲阜市琉璃瓦厂有限公司
8	18	874	Ⅷ-91	临清贡砖烧制技艺	2008（第二批）	新增项目	山东省临清市	临清市文化馆
9	19	957	Ⅷ-174	官式古建筑营造技艺（北京故宫）	2008（第二批）	新增项目	故宫博物院	故宫博物院
10	20	958	Ⅷ-175	木拱桥传统营造技艺	2008（第二批）	新增项目	浙江省庆元县	庆元县文化馆
	21	958	Ⅷ-175	木拱桥传统营造技艺	2008（第二批）	新增项目	浙江省泰顺县	泰顺县非物质文化遗产保护中心
	22	958	Ⅷ-175	木拱桥传统营造技艺	2008（第二批）	新增项目	福建省寿宁县	寿宁县文化馆
	23	958	Ⅷ-175	木拱桥传统营造技艺	2008（第二批）	新增项目	福建省屏南县	屏南县木拱廊桥保护协会
11	24	959	Ⅷ-176	石桥营造技艺	2008（第二批）	新增项目	浙江省绍兴市	绍兴市古桥学会
12	25	960	Ⅷ-177	婺州传统民居营造技艺（诸葛村古村落营造技艺）	2008（第二批）	新增项目	浙江省兰溪市	兰溪市诸葛旅游发展有限公司
	26	960	Ⅷ-177	婺州传统民居营造技艺（俞源村古建筑群营造技艺）	2008（第二批）	新增项目	浙江省武义县	武义县非物质文化遗产保护中心
	27	960	Ⅷ-177	婺州传统民居营造技艺（东阳卢宅营造技艺）	2008（第二批）	新增项目	浙江省东阳市	东阳市非物质文化遗产保护中心
	28	960	Ⅷ-177	婺州传统民居营造技艺（浦江郑义门营造技艺）	2008（第二批）	新增项目	浙江省浦江县	浦江县文物保护管理所（浦江县郑义门文物保护管理所）
13	29	961	Ⅷ-178	徽派传统民居营造技艺	2008（第二批）	新增项目	安徽省黄山市	安徽省徽州古典园林建设有限公司
14	30	962	Ⅷ-179	闽南传统民居营造技艺	2008（第二批）	新增项目	福建省泉州市鲤城区	泉州市鲤城区文化馆
	31	962	Ⅷ-179	闽南传统民居营造技艺	2008（第二批）	新增项目	福建省惠安县	惠安县文化馆

（续表）

总项目序号	序号	项目序号	编号	名称	公布时间	类型	申报地区或单位	保护单位
14	32	962	Ⅷ-179	闽南传统民居营造技艺	2008（第二批）	新增项目	福建省南安市	南安市博物馆
	33	962	Ⅷ-179	闽南传统民居营造技艺	2014（第四批）	扩展项目	福建省厦门市湖里区	厦门市湖里区闽南传统建筑营造技艺传习中心
15	34	963	Ⅷ-180	窑洞营造技艺	2008（第二批）	新增项目	山西省平陆县	平陆县文化馆
	35	963	Ⅷ-180	窑洞营造技艺	2008（第二批）	新增项目	甘肃省庆阳市	庆阳市西峰区文化馆
	36	963	Ⅷ-180	窑洞营造技艺（地坑院营造技艺）	2011（第三批）	扩展项目	河南省陕县	三门峡市陕州区文化馆
	37	963	Ⅷ-180	窑洞营造技艺（陕北窑洞营造技艺）	2011（第三批）	扩展项目	陕西省延安市宝塔区	延安市宝塔区文化馆
16	38	964	Ⅷ-181	蒙古包营造技艺	2008（第二批）	新增项目	内蒙古自治区文学艺术界联合会	内蒙古自治区非物质文化遗产保护中心
	39	964	Ⅷ-181	蒙古包营造技艺	2008（第二批）	新增项目	内蒙古自治区西乌珠穆沁旗	西乌珠穆沁旗文化馆
	40	964	Ⅷ-181	蒙古包营造技艺	2008（第二批）	新增项目	内蒙古自治区陈巴尔虎旗	陈巴尔虎旗文化馆
	41	964	Ⅷ-181	蒙古包营造技艺	2021（第五批）	扩展项目	青海省黄南藏族自治州河南蒙古族自治县	河南蒙古族自治县文化馆
17	42	965	Ⅷ-182	黎族船型屋营造技艺	2008（第二批）	新增项目	海南省东方市	东方市文化馆
18	43	966	Ⅷ-183	哈萨克族毡房营造技艺	2008（第二批）	新增项目	新疆维吾尔自治区塔城地区	伊犁哈萨克自治州塔城地区文化馆
19	44	967	Ⅷ-184	俄罗斯族民居营造技艺	2008（第二批）	新增项目	新疆维吾尔自治区塔城地区	塔城市文化馆
20	45	968	Ⅷ-185	撒拉族篱笆楼营造技艺	2008（第二批）	新增项目	青海省循化撒拉族自治县	循化撒拉族自治县文化馆
21	46	969	Ⅷ-186	藏族碉楼营造技艺	2008（第二批）	新增项目	四川省丹巴县	丹巴县文化馆
	47	969	Ⅷ-186	碉楼营造技艺（羌族碉楼营造技艺）	2011（第三批）	扩展项目	四川省汶川县	汶川县文化馆
	48	969	Ⅷ-186	碉楼营造技艺（羌族碉楼营造技艺）	2011（第三批）	扩展项目	四川省茂县	茂县文化馆

总项目序号	序号	项目序号	编号	名称	公布时间	类型	申报地区或单位	保护单位
21	49	969	Ⅷ-186	碉楼营造技艺（藏族碉楼营造技艺）	2011（第三批）	扩展项目	青海省班玛县	班玛县文化馆
22	50	1188	Ⅷ-208	北京四合院传统营造技艺	2011（第三批）	新增项目	中国艺术研究院	中国艺术研究院
23	51	1189	Ⅷ-209	雁门民居营造技艺	2011（第三批）	新增项目	山西省忻州市	山西杨氏古建筑工程有限公司
24	52	1190	Ⅷ-210	石库门里弄建筑营造技艺	2011（第三批）	新增项目	上海市黄浦区	上海美达建筑工程有限公司
25	53	1191	Ⅷ-211	土家族吊脚楼营造技艺	2011（第三批）	新增项目	湖北省咸丰县	咸丰县文化馆
	54	1191	Ⅷ-211	土家族吊脚楼营造技艺	2011（第三批）	新增项目	湖南省永顺县	永顺县非物质文化遗产保护中心
	55	1191	Ⅷ-211	土家族吊脚楼营造技艺	2011（第三批）	新增项目	重庆市石柱土家族自治县	石柱土家族自治县非物质文化遗产保护中心
26	56	1192	Ⅷ-212	维吾尔族民居建筑技艺（阿依旺赛来民居营造技艺）	2011（第三批）	新增项目	新疆维吾尔自治区和田地区	和田地区文化馆
27	57	1350	Ⅷ-236	坎儿井开凿技艺	2014（第四批）	新增项目	新疆维吾尔自治区吐鲁番市	吐鲁番市高昌区文化馆
28	58	1351	Ⅷ-237	古建筑模型制作技艺	2014（第四批）	新增项目	山西省太原市	山西古典艺术研究院（有限公司）
29	59	1352	Ⅷ-238	传统造园技艺（扬州园林营造技艺）	2014（第四批）	新增项目	江苏省扬州市	扬州古典园林建设有限公司
30	60	1353	Ⅷ-239	古戏台营造技艺	2014（第四批）	新增项目	江西省乐平市	乐平市文化馆
31	61	1354	Ⅷ-240	庐陵传统民居营造技艺	2014（第四批）	新增项目	江西省泰和县	泰和县文化馆
32	62	1355	Ⅷ-241	古建筑修复技艺	2014（第四批）	新增项目	甘肃省永靖县	甘肃古典建设集团有限公司
33	63	1527	Ⅷ-281	水碓营造技艺（景德镇瓷业水碓营造技艺）	2021（第五批）	新增项目	江西省景德镇市浮梁县	浮梁县文物管理所（浮梁县博物馆）
34	64	1529	Ⅷ-283	潮汕古建筑营造技艺	2021（第五批）	新增项目	广东省汕头市龙湖区	广东纪传英古建筑营造有限公司
35	65	1530	Ⅷ-284	彝族传统建筑营造技艺（凉山彝族传统民居营造技艺）	2021（第五批）	新增项目	四川省凉山彝族自治州	美姑县文化馆

总项目序号	序号	项目序号	编号	名称	公布时间	类型	申报地区或单位	保护单位
36	66	1531	Ⅷ-285	传统帐篷编制技艺（巴青牛毛帐篷编制技艺）	2021（第五批）	新增项目	西藏自治区那曲市	西藏那曲巴青县文化和旅游局
	67	1531	Ⅷ-285	传统帐篷编制技艺（青海藏族黑牛毛帐篷制作技艺）	2021（第五批）	新增项目	青海省海西蒙古族藏族自治州天峻县	天峻县文化馆
37	68	1532	Ⅷ-286	关中传统民居营造技艺	2021（第五批）	新增项目	陕西省	西安关中民俗艺术博物院
38	69	1533	Ⅷ-287	固原传统建筑营造技艺	2021（第五批）	新增项目	宁夏回族自治区固原市	宁夏大原古建筑文化艺术有限公司

总项目序号	序号	项目序号	编号	名称	公布时间	类型	申报地区或单位	保护单位
1	1	333	VII-34	曲阳石雕	2006（第一批）	新增项目	河北省曲阳县	曲阳县文化馆（曲阳县图书馆）
2	2	335	VII-36	惠安石雕	2006（第一批）	新增项目	福建省惠安县	惠安县文化馆
3	3	336	VII-37	徽州三雕	2006（第一批）	新增项目	安徽省黄山市	安徽中国徽州文化博物馆（黄山市博物馆）
	4	336	VII-37	徽州三雕（婺源三雕）	2006（第一批）	新增项目	江西省婺源县	婺源县文化研究所
4	5	337	VII-38	临夏砖雕	2006（第一批）	新增项目	甘肃省临夏县	临夏县文化馆
	6	337	VII-38	砖雕（山西民居砖雕）	2008（第二批）	扩展项目	山西省清徐县	清徐县窑王堡窑砖雕工艺美术厂
	7	337	VII-38	砖雕（固原砖雕）	2014（第四批）	扩展项目	宁夏回族自治区固原市	固原市群众艺术馆（固原市美术馆）
5	8	339	VII-40	潮州木雕	2006（第一批）	新增项目	广东省潮州市	潮州市湘桥区文化馆（潮州市湘桥区图书馆）
	9	339	VII-40	潮州木雕	2008（第二批）	扩展项目	广东省揭阳市	揭阳市群众艺术馆
	10	339	VII-40	潮州木雕	2008（第二批）	扩展项目	广东省汕头市	汕头市工艺美术学会
6	11	340	VII-41	宁波朱金漆木雕	2006（第一批）	新增项目	浙江省宁波市	宁波市朱金漆木雕文化发展有限公司
7	12	342	VII-43	东阳木雕	2006（第一批）	新增项目	浙江省东阳市	东阳市非物质文化遗产保护中心
8	13	832	VII-56	石雕（安岳石刻）	2008（第二批）	新增项目	四川省安岳县	安岳县文化馆
	14	832	VII-56	石雕（嘉祥石雕）	2008（第二批）	新增项目	山东省嘉祥县	嘉祥县文化馆
	15	832	VII-56	石雕（富平石刻）	2014（第四批）	扩展项目	陕西省富平县	富平县古石刻保护研究中心
	16	832	VII-56	石雕（绥德石雕）	2014（第四批）	扩展项目	陕西省绥德县	绥德县文化馆

总项目序号	序号	项目序号	编号	名称	公布时间	类型	申报地区或单位	保护单位
8	17	832	VII-56	石雕（大足石雕）	2021（第五批）	扩展项目	重庆市大足区	重庆市大足区美术馆（重庆市大足区非物质文化遗产保护中心）
9	18	834	VII-58	木雕（莆田木雕）	2011（第三批）	扩展项目	福建省莆田市	莆田市二轻工业联社
	19	834	VII-58	木雕（剑川木雕）	2011（第三批）	扩展项目	云南省剑川县	剑川县文化馆
	20	834	VII-58	木雕（东固传统造像）	2014（第四批）	扩展项目	江西省吉安市青原区	青原区非物质文化遗产保护中心
	21	834	VII-58	木雕（泉州木雕）	2021（第五批）	扩展项目	福建省泉州市	泉州市艺术馆（泉州市闽南文化生态保护中心、泉州市非物质文化遗产保护中心）
	22	834	VII-58	木雕（曹县木雕）	2021（第五批）	扩展项目	山东省菏泽市曹县	山东省曹县云龙木雕工艺有限公司
	23	834	VII-58	木雕（奉节木雕）	2021（第五批）	扩展项目	重庆市奉节县	奉节县文化馆（奉节县非物质文化遗产保护中心）
	24	834	VII-58	木雕（藏族扎囊木雕）	2021（第五批）	扩展项目	西藏自治区山南市	扎囊县虱931工艺农民专业合作社
10	25	862	VII-86	砖塑（鄄城砖塑）	2008（第二批）	新增项目	山东省鄄城县	鄄城县文物管理所（中国鲁锦博物馆）
11	26	863	VII-87	灰塑	2008（第二批）	新增项目	广东省广州市	广州市花都区文化馆
12	27	867	VII-91	镶嵌（嵌瓷）	2008（第二批）	新增项目	广东省汕头市	汕头市潮南区成田镇大寮嵌瓷工艺社
	28	867	VII-91	镶嵌（嵌瓷）	2008（第二批）	新增项目	广东省普宁市	普宁市文化馆
	29	867	VII-91	镶嵌（潮州嵌瓷）	2011（第三批）	扩展项目	广东省潮州市工艺美术研究院	潮州市工艺美术研究院
13	30	872	VII-96	建筑彩绘（白族民居彩绘）	2008（第二批）	新增项目	云南省大理市	大理市非物质文化遗产保护管理所

总项目序号	序号	项目序号	编号	名称	公布时间	类型	申报地区或单位	保护单位
13	31	872	VII-96	建筑彩绘（陕北匠艺丹青）	2008（第二批）	新增项目	陕西省	陕西省非物质文化遗产研究会
	32	872	VII-96	建筑彩绘（炕围画）	2008（第二批）	新增项目	山西省襄垣县	襄垣县非物质文化遗产保护协会
	33	872	VII-96	建筑彩绘（传统地仗彩画）	2011（第三批）	扩展项目	辽宁省沈阳市	沈阳市泰然古建筑维修学校
	34	872	VII-96	建筑彩绘（北京建筑彩绘）	2021（第五批）	扩展项目	北京市西城区	北京市园林古建工程有限公司
	35	872	VII-96	建筑彩绘（中卫建筑彩绘）	2021（第五批）	扩展项目	宁夏回族自治区中卫市	宁夏艺轩古建筑工程有限公司
14	36	1159	VII-102	清徐彩门楼	2011（第三批）	新增项目	山西省清徐县	清徐县文化馆

序号	名称	主要内容	主要作品	传承人
1	香山帮传统建筑营造技艺	香山帮是以木匠为主导，分为"大木"和"小木"，清代以后又从小木中分化出专门经营木雕的雕花作坊。泥水匠分"泥水"和"砖细"；石匠分"粗石"和"细石"；漆匠分油漆和彩画，苏式彩画是香山帮的一大杰作	香山帮技艺作品在苏州园林中分布极多，如拙政园、网师园等	薛林根 陆耀祖 薛福鑫
2	客家土楼营造技艺（福建省龙岩市）	土楼营造技艺是客家建筑文化的表现，继承了中原古老的生土构筑技艺。土楼营造的流程一般为择址—设计—备料请工—基础—墙体—立柱架梁—献架出水—装修。土楼以古老的夯土墙版筑工具造墙，工具主要有夹板、杵棒及铲、大小拍板等。夯筑土墙从选土、比例掺和、堆土处理、干湿度掌握到夯击程序、修补墙体等都有着严格的规则	无石基土楼如日应楼、馥馨楼等，有石基土楼较多，如裕隆楼、承启楼（国家重点文物保护单位）等	徐松生 简如林 蒋石南 蒋银勇 黄明生 蒋来生
3	客家土楼营造技艺（福建省南靖县）		和贵楼、裕昌楼、怀远楼等	
4	客家土楼营造技艺（福建省华安县）		以华安大地土楼群为代表，其中仙都镇大地村的二宜楼最为杰出	
5	客家民居营造技艺（赣南客家围屋营造技艺）	赣南围屋采用三合土夹杂鹅卵石，配以桐油熬制后夯筑。墙体用土配方严格，加入精确比例的红糖、蛋清、糯米饭，放入鹅卵石作为墙骨，增强抗力。做泥技艺精巧，经充分翻锄发酵，避免缩水、开裂。外墙体用砖石砌，内墙用土坯或夯土垒筑。围屋中的居民都属于同一宗族，房屋设置功能分区，长幼尊卑等级明显，传承有序	现存以关西镇关西新围、西昌围，里仁镇沙坝围、鱼仔潭围，杨村镇燕翼围，桃江乡龙光围等为围屋营造技艺的典型代表	钟彦鹏
6	景德镇传统瓷窑作坊营造技艺	（1）窑体：清以来景德镇最盛行的是"镇窑"，镇窑在构筑上不用任何异形砖，没有复杂的排烟设置，热利用率高，属古代杰出的窑型。（2）窑房：砌窑（结窑）、补窑（修窑）在景德镇被称为"挛窑"，砌窑或修窑一般是五天工作量，挛窑师傅负责打窑基、结窑塝、封窑篷等几项主要技术性强的工作，结窑囱和其余工作则由窑户的拖坯师、架表工和 4 名徒工等来完成	以御窑厂为中心 2 平方千米老城区（珠山区）的苏家坂、葡萄架、罗汉肚、沟沿上、刘家弄等一带，市内枫树山陶瓷文化博览区古窑瓷厂内，市内昌江区罗家坞、湖田村和景德镇国际陶瓷文化交流中心，市郊瑶里镇景区，有共计 23 处传统窑房、作坊	胡家旺 余云山

---

[1] 本附录中对于各项目的介绍部分参考该项目国家级非物质文化遗产代表性项目申报书的内容，统计至第四批。

序号	名称	主要内容	主要作品	传承人
7	侗族木构建筑营造技艺（广西壮族自治区柳州市）	侗族木构建筑，以风雨桥、鼓楼为典型代表。鼓楼外形平面呈偶数，有八边形、六边形、四边形等式样，层数为奇数，内部结构复杂，采用排柱穿斗和梁架等构造方法；风雨桥也称花桥，造型多样。主要营造工具如匠杆、墨斗、曲尺、角尺、斧头、刨子、锯子、凿子、木马等，建造不需要图纸，建筑师们凭借"匠杆"就可以成竹在胸。侗族木构建筑依靠师徒口传身授的方式，采用一套自成体系的"文字符号"，代代相传。（1）鼓楼营造流程：商议立楼—选址—备料—下墨—立柱—上架—上梁—架顶—上瓦—装料着色等。（2）风雨桥营造流程：砍树—发墨—发锤—立柱—砍宝梁—上梁等，其间伴随多种仪式与风俗	（1）程阳风雨桥，位于林溪乡程阳八寨马安寨下方的林溪河上，桥长77.76米，墩台上建有5座桥亭和19间桥廊，是全国重点文物保护单位。（2）岜团桥，位于独峒乡岜团寨，桥长50米，二台一墩三亭、双层木桥，是全国重点文物保护单位。（3）马胖鼓楼，位于广西三江侗族自治县八江镇马胖村，歇山顶九层重檐宝塔形鼓楼，由本村木匠雷文星为掌墨师承建，以雄伟稳重而著称。（4）增冲鼓楼，位于贵州从江县增冲村，为攒尖双叠顶十三层重檐宝塔形鼓楼，是国家重点文物保护单位	杨求诗 杨似玉 石含章 雷文兴 杨善仁 杨光锦 吴仕仁 吴宝余
8	侗族木构建筑营造技艺（广西壮族自治区三江侗族自治县）			
9	侗族木构建筑营造技艺（贵州省黎平县）			
10	侗族木构建筑营造技艺（贵州省从江县）			
11	苗寨吊脚楼营造技艺	吊脚楼传承于干栏式建筑，在30°~70°的斜坡陡坎上搭建，多为穿斗式木结构，一般有三层，三榀三间，或五榀四间，个别六榀五间。使用斧凿锯刨和墨斗、墨线等工具，建房要选吉日，要操办择屋基、备料、发墨、拆枋凿眼、立房、立大门等事宜	西江千户苗寨包括平寨、东引、羊排、南贵4个行政村、10个自然寨	现有40多位木匠
12	苏州御窑金砖制作技艺	御窑金砖制作工艺精细复杂。主要工序有选泥、练泥、制坯、装窑、烧制、窨水、出窑、打磨等。御窑生产的金砖，方正古朴、表面光滑、色泽青黛、光可鉴人。主要选泥器具如钢扦、加长铁锹、箩筐绳索；制坯器具如各种规格的木框模具、铁线弓；烧窑器具如长柄铁叉、长柄铁锹；其他如水桶、水磨石；燃料用麦柴、稻草、砻糠、片柴、松枝等	如北京故宫三大殿、苏州园林、江浙诸多寺观以及海外的博物馆、仿古建筑中都有应用	金梅泉

（续表）

序号	名称	主要内容	主要作品	传承人
13	琉璃烧制技艺（北京市门头沟区）	山西的琉璃生产以太原、阳城、河津、介休等地为主，以苏姓、乔氏、吕姓较为著名。		蒋建国
14	琉璃烧制技艺（山西省）	北京琉璃烧制始于辽代，门头沟区龙泉镇龙泉雾村现有辽代窑场遗址。烧制琉璃需经过		葛原生 乔月亮
15	琉璃烧制技艺（山东省淄博市博山区）	二十多道程序，首先选用钳子土，经过粉碎、筛选、淘洗、炼泥成型（手工捏制或模具印坯成型，民间常将手工与模制结合运用），晾干后入窑烧胎，俗称"素烧"。然后施以釉色，再入窑烧造，称为"釉烧"		
16	琉璃烧制技艺（山东省曲阜市）			
17	临清贡砖烧制技艺	临清贡砖采用当地特有的"莲花土"以及漳卫河水（俗称阳水），烧制的砖亦称"细泥澄浆新样城砖"，烧制过程包含18道工序。贡砖烧制时所用的土窑，包括马蹄窑和罐窑，相关工具有细筛子、刮坯弓子、摔泥花叉、挎板、修坯夹板、修坯打板、墩板、制砖模具	目前在许多古建筑及相关遗址中均有发现，如南京中华门城墙、玄武桥、曲阜孔庙等。也用于当下的古建维修：蓬莱阁、济南大明湖、成都杜甫草堂等	景永祥
18	官式古建筑营造技艺（北京故宫）	官式古建筑营造技艺包括瓦、木、石、土、油漆、彩画、镶嵌、裱糊等各工种匠作的施工操作工艺。（1）木作：各种殿式结构大木构件的制作、安装；室内外木制装修的制作、安装。（2）瓦、石作：各种灰浆的调制；各种石构件的打制、雕刻、安装；砖件的砍磨、雕刻；墙体砌筑；各种形式屋面、各种脊的施工；各种砖、石地面的铺墁。（3）油漆作：各种地仗灰料的调制、油料的调制；各种地仗、油皮、大漆的施工。（4）彩画作：内外檐、天花各种形式彩画谱子的起画与现场绘制。（5）镶嵌裱糊作：各种室内细木装修镶嵌；墙面、顶棚的绫、纸裱糊	故宫古建筑群组。新中国成立以后修复的主要建筑有：午门正楼加固维修，东北角、西北角楼挑顶大修，漱芳斋复原工程等。近年来修复及正在修复的主要建筑有：武英殿维修，钦安殿抱厦复建，建福宫花园复建，太和殿维修，太和门维修，慈宁宫维修工程等	白福春、李建国、李增林；（1）木作李永革；（2）瓦作李福刚、吴生茂；（3）彩画作：张德才；（4）油漆作：刘增玉、张世荣

序号	名称	主要内容	主要作品	传承人
19	木拱桥传统营造技艺（浙江省庆元县）	（1）造桥技艺：一般分为选桥址、砌桥堍、测水平、上三节苗、上五节苗、立将军柱与剪刀撑、立马腿与桥面板、架桥屋及装饰等步骤。（2）造桥习俗：择日起工—立鲁班神橱—置办喜梁—祭河动工—上梁喝彩—取币赏众—踏桥开走—成桥福礼。（3）造桥工具与设备：造桥技艺的木工工具与做大木（盖房屋）手艺工具基本相同，常用的工具有曲尺、墨斗、锯子、大锯（锯桥面板等用）、凿子、铁锤等，不同的是造桥的专用辅助设备水架柱、天门车	如龙桥、兰溪桥、后坑桥、黄水长桥	胡淼
20	木拱桥传统营造技艺（浙江省泰顺县）		同乐桥、南溪桥	董直机
21	木拱桥传统营造技艺（福建省寿宁县）		浙江省的泰顺薛宅桥、三滩桥等，景宁的白鹤桥、大赤坑桥，庆元的南阳桥，文成的落岭桥；福建省的寿宁小东上桥、飞云桥等，福安市棠溪桥	郑多金
22	木拱桥传统营造技艺（福建省屏南县）			黄春财
23	石桥营造技艺	绍兴石桥营造技艺门类齐全，包括石梁桥、折边拱桥、半圆形拱桥、马蹄形拱桥、椭圆形拱桥、悬链线拱桥等各类石桥的建造技术。建造石桥有一套完整的工序和方法，一般为选址—桥型设计—实地放样—打桩—砌桥基—砌桥墩—安置拱圈架—砌拱—压顶—装饰—保养—落成。拱桥上部结构施工可概括为先搭拱架，再于架上砌拱；桥墩施工技术有水修法和干修法，山区桥墩多用实体平首墩或实体尖首墩，平原水网建桥往往采用薄墩结构；基础施工技术有小桩密植基础技术及抛石、多层石板基础技术；桥台结构形式有平齐式、突出式、补角式、埠头式；材料运输安装技术有浮运架桥法、托木架桥法。石桥结构科学，建桥石材质量讲究，布局、选址合理，因地制宜。绍兴石料丰富，石质优良，建桥除基本材料外，还要有辅助材料，如桐油石灰、锡、三合土、蛤蜊，松木作桥柱、桥桩可防腐	绍兴石桥数量众多，分布广泛，据1993年底统计，全市共有10610座。技艺独特如八字桥、广宁桥等为国内罕见	

序号	名称	主要内容	主要作品	传承人
24	婺州传统民居营造技艺（诸葛村古村落营造技艺）	诸葛村运用背山面水的思想进行布局，以祖制九宫八卦设计村落。整个村以钟池为核心，八条小巷向外辐射，形成内八卦，村外八座山环抱整个村落，构成天然外八卦。村内有200多座明清古建筑，祠堂、厅堂、民居连绵起伏，巷道纵横，错落有致。蕴含着"天人合一"的哲学思想，构成了淡泊、宁静的优美环境。诸葛村民居建筑采用丰富的建筑装饰和精致的小木装修，大木梁架的装饰处理非常精美雅致，深宅大院大门口饰有典雅的牌楼式砖雕门罩，富有地方建筑艺术特征	至今保存着明清古建筑200多座。其中有规模宏大的祠堂，众厅9座，楼上厅16座，雕花头门20座，八字门7座，古街一条，核心钟池等	
25	婺州传统民居营造技艺（俞源村古建筑群营造技艺）	俞源村古建筑群位于浙江省武义县城西南20千米，始建于南宋，经过历代规划建设，发展成今天的规模。村中现存元代桥梁两座，明清民居一百三十余座，建筑类型包括宗祠、庙宇、店铺、私塾、书馆、花厅、民居、戏台、桥梁及古墓等多种。全村古建筑分上宅、下宅和前宅三大片，以公共建筑最具特色	俞氏宗祠、家训阁、遗安堂、养老轩、藏花厅、堂楼厅、洞主庙等	
26	婺州传统民居营造技艺（东阳卢宅营造技艺）	婺州传统民居在设计中注重和周围自然环境完美结合，所建居宅大多依山傍水，背阴向阳。有的建筑格局为传统的左右对称形式，巷坊纵横；有的则为八卦式，由中心向外辐射。建筑形式有祠堂、影壁、牌坊、石桥、厅堂、店铺、书馆、戏台、粮仓、膳房、寝室等多种，功能齐全，居住舒适方便。婺州传统民居建筑装饰艺术多种多样，有石雕、木雕、砖雕、彩绘等形式。木雕广泛运用于梁枋、斗拱、雀替、大门和窗棂花格等处。东阳卢宅明清古建筑是婺州传统民居营造技艺的代表，采用轴线分明、庭院式的组群布局。建筑梁架多为抬梁式、穿斗式或抬梁与穿斗混合式。建筑装饰上吸收了绘画、雕刻等中国其他传统艺术，特别是东阳木雕造型艺术的特点，比较突出的是其富有装饰性的屋顶和宅第内华丽的雕饰	肃雍堂、树德堂	

序号	名称	主要内容	主要作品	传承人
27	婺州传统民居营造技艺（浦江郑义门营造技艺）	郑义门古建筑群位于浙江省浦江县郑宅古镇，已有九百多年的历史，浦江的郑氏家族长期聚居		
28	徽派传统民居营造技艺	徽州传统民居营造技艺历史悠久，至明代基本形成了内设天井的平面布局和三间五架的固定程式。徽州工匠以砖、木、石、铁、窑五色匠人组成"徽州帮"。铁、窑两种工匠以各自生产的半成品，提供建房之须，砖、木、石三种匠师专管营造施工，施工顺序分述如下，石匠：挖脚—采石—砌石基—制安细料等工序；木匠：出山里料—起工驾马—排列（料）—竖屋请梁—理柱；砖匠：灰泥拌制—砌筑—粉灰—地面—屋面。徽州砖、木、石三雕艺术作品鬼斧神工，题材丰富，技法精湛。彩画的格式与构图都很灵活，画面以"线法"勾勒，用"落墨法"填彩，色彩素雅		胡公敏
29	闽南传统民居营造技艺（福建省泉州市鲤城区）	闽南传统民居俗称"皇宫起"，这种宫殿式大厝有单护厝、双护厝、四护厝等类型和三开间、五开间等样式，为横向扩展布局，纵深二落、三落、五落不等。以厅堂为中心组织院落，而以走廊、过水贯穿全宅，建筑中较多运用砖瓦，以石砌基础和红砖砌筑外围墙，形成红砖白石、出砖入石的墙面视觉效果。以穿斗木构架作为承重结构，采用硬山式屋顶和弯曲起翘的燕尾脊式屋脊，脊顶中央安置"厌胜物"，通常有风狮爷、瓦将军、炉、凤、鸡等。	泉州杨阿苗住宅、黄氏家庙、台北龙山寺、泉港东岳庙、惠安县孔庙、青山宫、峰崎何氏宗祠、崇武灵安尊王宫、崇武天后宫、獭窟妈祖宫、三世同卿第、西峰后宫、郭氏家庙、刘望海故居、居仁提督衙、三山宫、崇武武功大夫第（张勇故居）、孙经世故居、蔡氏古民居建筑群	蒋钦全
30	闽南传统民居营造技艺（福建省惠安县）			王世猛
31	闽南传统民居营造技艺（福建省南安市）			
32	闽南传统民居营造技艺（福建省厦门市湖里区）	营造工匠多属家庭型或地域型的个体组合，父子相携、师徒相从。稍有规模的工程则由掌场工匠募集民间泥瓦、木、石匠分项承建，施工中还有"斗工"的习俗。建民居由大木匠设计总平面图，在篙尺上记录符号，按篙尺施工。闽南传统民居营造技艺是中原文化和闽南本土文化结合的产物，与闽南地理、气候条件及文化习俗相结合，传播于闽南的泉州、漳州、厦门等地和港澳台和东南亚等地区		陈和永

序号	名称	主要内容	主要作品	传承人
33	窑洞营造技艺（山西省平陆县）	窑洞的种类很多，根据建筑的布局结构形式划分，主要有明庄窑、土坑窑、独立式窑洞、靠崖式窑洞、下沉式窑洞（又称"地坑院""天井窑院"）等。窑洞营造技艺丰富多样，以地坑院营造技艺较为讲究，陕县地处秦晋豫三角地带，境内三大黄土台阶平原，土质均匀，连续延展，地处高敞，排水便利，是地坑院产生和建造的前提条件。地坑院的营造技艺主要流程为相地、方院—下院、打窑—饰边、碾场—安装、粉饰—排水、砌炕		张和成 王守贤
34	窑洞营造技艺（甘肃省庆阳市）			王治国 李茂政
35	窑洞营造技艺（地坑院营造技艺）			王四虎
36	窑洞营造技艺（陕北窑洞营造技艺）			
37	蒙古包营造技艺（内蒙古自治区文学艺术界联合会）	西乌珠穆沁旗蒙古包工艺讲究，结构主要由架木、苫毡、鬃绳三部分组成，一般采用榆木制作，构架中不能有铁钉。这种蒙古包内部宽敞舒适，用特制的木架作"哈纳"，用两至三层羊毛毡围裹，再用马鬃或驼毛拧成的绳子捆绑在外。其顶部用"乌尼"作支架，呈天幕状。圆形尖顶开有天窗即"陶脑"，"陶脑"上覆盖四方的羊毛毡，可通风、采光。陈巴尔虎旗蒙古包又称"苇帘蒙古包"，用苇子和柳条建成		呼森格斌巴 乌仁色汗 额尔敦其木格 巴雅尔玛
38	蒙古包营造技艺（内蒙古自治区西乌珠穆沁旗）			
39	蒙古包营造技艺（内蒙古自治区陈巴尔虎旗）			
40	黎族船型屋营造技艺	黎族船型屋是古代黎族干栏式民居发展演变的形式。建造船型屋需要首先确定建房地址，平整场地。同时备好建房材料，如稻草泥、竹子、格木、茅草、藤、野麻等。其后在建房地址上立主干柱子，以及次干柱子，上、下横梁连接，房屋雏形框架基本形成，最后盖顶、安装门叶、平整地面。船型屋的类型如高架船型屋、低架船型屋、落地船型屋、半船型屋		

序号	名称	主要内容	主要作品	传承人
41	哈萨克族毡房营造技艺	哈萨克族毡房营造技艺包含雕、刻、凿、编、扎、染等多种工艺，构架精巧灵活，易搭、易卸、便于携带。毡房主要由骨架和毡子两部分组成，承重结构由顶拱、弯头斜撑和格构架组成，架构完成后，要在房墙外围上一层芨芨草缠绕着彩色毛线编织的草帘，再围上白毡，在房杆上盖篷毡，顶部中央开一直径33厘米左右的天窗，上安活动毡盖，所有围毡、篷毡边上系有连接固定的绳索，最后也用彩色毛线编织的主带在外面拦腰扎紧		达列力汗·哈比地希
42	俄罗斯族民居营造技艺	俄罗斯族民居多为砖木结构，也有一部分采用纯木结构。房屋高大，空间宽敞，利于空气流通，冬暖夏凉，注重外部和内部的装修。在外墙的墙壁、窗户、房檐都有砖块砌成的几何形图案，有的还用砖块雕成花纹	塔城俄罗斯红楼	张怀升高金山
43	撒拉族篱笆楼营造技艺	撒拉族古民居篱笆楼是木石土混为一体的古老民居建筑，因墙体大部分用树条笆桩编制而得名。（1）大部分建于村区肥田沃地，小部分在高台石坡依山而建，形体各异，粗犷古朴，牢固美观。布局有横字式、拐角式、三合院式、楼底通道式等。（2）建筑形制为面阔三、五、七间带廊做法，进深两间。（3）楼墙底层为石砌篱笆混做，上层为木板和篱笆混做，墙体侧、背面编制篱笆，正面装饰方框板壁，根据房间性质，装饰安置各式门窗，并可循斜置板梯登楼。墙基为石、泥混砌，围墙以土夯成		马进明
44	藏族碉楼营造技艺（四川省丹巴县）	藏族碉楼形式多样，以四角楼最为常见，也有五角、八角、十三角等。一般采用"筏式"基础，修建高碉时，砌筑工匠仅依内架砌反手墙，凭经验逐级收分，反手砌筑是嘉绒藏族工匠千百年来练就的绝技。砌筑时要注意墙体外平面的平整度和内外石块的错位，空隙处用黏土和小石块填充，做到满泥满衔		

序号	名称	主要内容	主要作品	传承人
45	碉楼营造技艺（羌族碉楼营造技艺）（四川省汶川县）	羌族碉楼从用材和技艺特点上可分为石砌羌碉、黏土羌碉、石粘混合羌碉，形式有四角、六角、八角、十角、十二角等。采用片石和黄泥作为主要材料。具体的营造	布瓦羌寨有 3 座黄泥碉于 2006 年被列为全国重点文物保护单位	
46	碉楼营造技艺（羌族碉楼营造技艺）（四川省茂县）	过程中由工匠将黄泥和事先加工好的片石层层垒砌。技艺的主要特点是根据石材不同特性来确定放置位置，一般经过选料、加工、对角、合面、砌合、楔石、黏合、敲压、找平等工序。建造工具主要为铁锤、铲板	鹰嘴河寨碉楼	
47	碉楼营造技艺（藏族碉楼营造技艺）（青海省班玛县）	班玛县藏族碉楼可分为木式、石式、石木混合式、新式。多建于向阳坡地，一般都傍山，外形呈阶梯形，干栏式建筑。平顶，外形厚重、稳固，一般为两层或三层，墙体石、木交错，隙间夹杂黄土砌制而成。一层畜棚为四梁八柱，二层主要由居室、堂屋、厨房、走廊组成，房与房之间用横木墙体隔开，外墙留有窗户和烟道，烟道口均为三角形，留于后墙。窗户建于侧墙，走廊宽约 1 米，外沿由柳条编制而成，冬暖夏凉。三层为经堂及库房，外墙设有瞭望口，各楼层由独木梯衔接。营造过程多凭借工匠经验完成		果洛折求
48	北京四合院传统营造技艺	北京四合院传统营造技艺是采用传统木、瓦、石、砖等传统材料和北方传统匠作做法的民居营造技艺，工序复杂，工艺讲究。四合院是北京老城的基本组成单位，自元代起奠定格局，明清两代形成以倒座、垂花门、抄手游廊、正房、东西厢房和后罩房等组成的合院布局。四合院建筑采用抬梁式构架，屋面采用"合瓦屋面"，碎砖砌墙，"四白落地"的裱糊、石雕砖雕、油漆彩画及双搭天棚等，都是昔日北京工匠特有的营造技艺	崇礼住宅、府学胡同 36 号、礼士胡同 129 号	
49	雁门民居营造技艺	雁门古建筑营造技艺由代县杨氏木匠家族传承，沿袭并承传着工匠世家传统的生产与生活方式。掌握复杂的传统多层木结构建筑和辽代木结构建筑的营造与修缮方法，特别是"落架大修""偷修"和"扇股麻花挑角营造技艺"	代县文庙、边靖楼	杨贵庭

序号	名称	主要内容	主要作品	传承人
50	石库门里弄建筑营造技艺	石库门里弄民居是近代上海市民的民居形式。采用穿斗式构架，石库门位于中轴线的起点，纵深继续展开其他功能的建筑布局。装饰手法结合石雕、木雕等多种工艺		
51	土家族吊脚楼营造技艺（湖北省咸丰县）			万桃元
52	土家族吊脚楼营造技艺（湖南省永顺县）	吊脚楼从选址、备料、立屋到整体完成，都有各地区不同的程序和工艺。吊脚楼的营造工序主要有备料、加工、排扇、上梁。永顺县吊脚楼形式多为单吊式、双吊式和四合水式转角楼。吊脚楼有堂屋、厢房或地正屋、厨房和火塘，楼上是住房，吊脚柱以下是圈舍和柴房	芙蓉镇兰花洞村劳支庄转角楼、朗溪乡尚家村转角楼	彭善尧
53	土家族吊脚楼营造技艺（重庆市石柱土家族自治县）		西沱古镇云梯街吊脚楼群、金铃乡响水村吊脚楼群、鱼池镇老街吊脚楼群、悦崃镇新场吊脚楼群、石家乡池谷冲新店子吊脚楼、南宾镇小鸟清河与三教寺吊脚楼群	刘成柏
54	维吾尔族民居建筑技艺（阿依旺赛来民居营造技艺）	"阿依旺赛来"是和田维吾尔族典型民居建筑形式，其空间一般由开敞的庭院和封闭的居室构成。面向庭院的居室多设有外廊，居室空间按照用途不同划分为不同的小间。装饰如廊檐彩画、花砖、木雕以及窗楞花饰，多为花草或几何图形		
55	坎儿井开凿技艺	坎儿井在吐鲁番社会经济的发展中起到了决定性的作用，施工工艺环保，对地表的破坏少，造成水土流失也少。主要由竖井、暗渠、明渠、涝坝（蓄水池）四部分组成。工具如攫头、坎土曼、抱锤、尖子、铁铲等		
56	古建筑模型制作技艺	古建筑模型成品的外形与内部结构和原建筑相同，是一件按比例缩小的古建筑，可拆可装。制作步骤：画草稿—选料（一般选用核桃木、楸木、梨木等）—辅料（乳胶、油漆，烤料除五年以上自然干燥的木料，都要烤干）—下料—制作基台—立柱形成柱网—纵横连接组成梁架—在各槫间布椽施飞建屋顶—装修门窗并油饰彩绘。工具如木工斧、大小木工锯、各式木工推刨、大小木工铲、凿、墨斗、木工尺、木工用刻刀以及根据制作对象所需的必要自制工具	有用于赠送港、澳的回归礼品如应县木塔模型、鹳雀楼模型，制品有南禅寺大殿、佛光寺东大殿、应县木塔、中国古代四大名楼、华严寺大殿、崇福寺大殿、善化寺大殿、文殊阁、普贤阁、飞云楼、三清殿、故宫太和殿、天安门城楼、香港志莲净苑等模型	祁伟成

序号	名称	主要内容	主要作品	传承人
57	传统造园技艺（扬州园林营造技艺）	扬州园林"宅园结合"，精选材料，精工细作，不仅追求整体效果，而且在细微之处亦极尽雕琢之能。园林建筑中复道回廊、花窗雕饰、磨砖对缝等，都表现出扬州造屋之工的精细。扬派叠石"中空外奇"，或挑法造险，或飘法求动。扬州的"旱园水意"，其概括和提炼的水景更具象征性和艺术性	园林如瘦西湖、何园、个园、小盘谷，叠石如片石山房、卷石洞天、四季假山等，另有若干盐商住宅	吴玉林
58	古戏台营造技艺	乐平传统戏台营造主要内容包括以下几项。（1）选料，大木构件多用杉木、樟木等制作，重点装饰部位均用樟材制作。（2）选址，一般请风水先生择地，开工时要选择吉日良辰。（3）确定戏台形制，由氏族成员和建筑主持共同商定。（4）制图，主墨木工师傅负责绘制戏台图纸，包括正面图、地面图、天图、侧面图、棚图和角图等。（5）营建，一般以木工为主导，砖石、雕刻、油漆、彩绘等工种各司其职。乐平传统戏台类型丰富，曾出现过庙宇台、会馆台、万年台、祠堂台、宅院台，如今主要有万年台和祠堂台两类。采用穿斗与抬梁混合式建筑结构，通过移柱、减柱等手段扩大舞台面积。戏台装饰精美，木构件凡露明之处均施以雕刻，题材丰富，工艺精湛，并敷金施彩。另一装饰特色是大量使用藻井，不但令舞台更显华贵，也增强了舞台的声学效果	车溪敦本堂戏台、横路万年戏台、浒崦戏台	
59	庐陵传统民居营造技艺	庐陵传统民居多为穿斗式构架，有些地方采用插梁式构造连接。木构件露明处多雕绘花纹、线脚，施以油漆彩绘。庐陵特有的营造方式如天井院落式平面布局，天窗、天眼、天门等做法，鹊巢宫屋顶，"蓝灰勾线"的清水砖砌马头墙等	泰和县蜀口村欧阳氏宗祠崇德堂、钓源村三连栋14号民居、泰和县剡溪村八栋屋居所、白鹭洲书院（风月楼、云章阁）	
60	古建筑修复技艺（甘肃省永靖县）	永靖白塔木匠在西晋以前就开始营建活动，延续至今，常建不断，营建活动辐射甘、青、宁、川、藏、新、蒙、陕等地。白塔木匠技艺精湛，构造巧妙，建造出各式民族建筑、亭台楼阁、宫殿庙堂、村宅民居，而且将古建筑修旧如旧，"抽梁换柱"的本领超群，创造了如"凤凰展翅""一点落地""无梁殿""天落伞"等独特的构建方式	青海塔尔寺、新疆督统署、兰州五泉山、四川拉茂寺、甘肃拉卜楞寺等	胥元明

附录 D　营造技艺相关的国家级非物质文化遗产代表性项目简介（传统美术类）

序号	名称	主要内容	主要作品	传承人
1	曲阳石雕	曲阳雕刻工艺既善于利用刨荒、刨光、开脸等特技，又善于目测定型，采用"上细"工艺，达到了"线要直、面要平、弯要活"的标准。石料开采根据地形、石料大小选择不同的方法，小石料可用大铁锤、铁楔开采；大面积石块利用经验进行掏眼、合理放药开采。选料按照圆雕测量法，利用目测，根据开采出来的石料，因形就势，量材定型。主要工序为开采、解料、雕刻、刨光。造型利用心模雕刻法，头脑里已有所要雕作品的形象，直接在材料上进行雕刻	清末刘普治《仙鹤》《干枝梅》，新中国成立后卢进桥"卧兽观音""天女散花"和"三大仕"等。安荣杰的哼哈二将、广东三水市108米卧佛、山东蒙山寿星巨雕。与韩美林合作的"大舜耕田"，中华龙王山石窟、中国历史雕刻画廊、人民大会堂河北历史名人浮雕、淮海战役纪念馆和扎伊尔总统府等一批国内外著名的雕刻工程	刘红立刘同保甄彦苍卢进桥安荣杰
2	惠安石雕	流传于福建省泉州地区的惠安县，材料多采用青石料，工艺程序包括捏、镂、摘、雕四道	北宋惠安洛阳万安桥石雕、明代惠安崇武古城、黄塘后郭宋岩峰寺的观世音菩萨像和普贤菩萨像、南埔乡透雕石龙柱、福州山法雨堂前蟠龙柱及新中国成立后许多纪念性雕刻等	王经民
3	徽州三雕	三雕是木雕、砖雕和石雕的统称，三雕各有其技法、工具及相应的加工制作程序。"砖雕的制作程序包括修砖、放样、打坯、出细、打磨、修补等，传统工具主要有木炭棒、凿、砖刨、撬、木槌、磨石、砂布、弓锯、棕刷、牵钻等；木雕的制作程序包括取料、放样、打粗坯、打中坯、打细坯、打磨、揩油上漆等环节，传统工具主要有小斧头、硬木锤、凿、雕刀、钢丝锯、磨石、砂布等；石雕的制作程序包括石料加工、起稿、打荒、打糙、掏挖空当、打细等环节，传统工具主要有錾子、楔、扁錾、刻刀、锤、斧、剁斧、哈子、剁子、磨头等"[1]	豸峰"通奉大夫晋三公祠"的覆钵藻井，沱川理坑的"尚书第"和"天官上卿"三雕，古坦乡黄村的百桂宗祠三雕，汪口的俞氏宗祠三雕，许村客馆的木雕"花篮留香"，理坑的木雕"九世同居"，洪村祠堂的避面石雕等	吴正辉王金生方新中冯有进蒯正华曹永盛
4	徽州三雕（婺源三雕）	婺源三雕属于徽派建筑艺术的支系，作品多集中在民居及相关建筑的构件装饰中。雕刻手法多样，圆雕、浮雕、浅雕、深雕和透雕极为常见		俞友鸿俞有桂

---

[1] 中国非物质文化遗产网，徽州三雕 http://www.ihchina.cn/Article/Index/detail?id=14014，访问时间 2020年11月28日。

序号	名称	主要内容	主要作品	传承人
5	临夏砖雕	临夏砖雕是一种以传统制作的土窑青砖（绵砖）为雕刻材料的民间工艺，集诗、书、画、印、雕等多种艺术元素于一体。多用于天井、山墙、影壁、廊心壁、丹墀、台阶、下槛、墀头、须弥座、屋脊等部位。造型工艺分为捏雕和刻雕，刻雕的工艺可概括为打磨—构图—雕刻—细磨—过水—编号—拼接安装—修饰等。图案取材丰富多样，多以喜闻乐见、吉祥如意的物象为题材		穆永禄 周声普 绽成元
6	砖雕（山西民居砖雕）	山西民居砖雕所用材料质地好，经久耐用，明代早期的砖雕承袭秦汉遗风，简单粗犷，用线平刻较多，画面单纯，后逐步发展为现在的艺术风格，用线简练挺拔、劲健粗放，显得稚拙而朴素。制作一般经过十二个步骤，三十多个环节：选土（汾河红黏土、潇河黄黏土）—制泥（筛土制泥或澄淀制泥）—制模—脱坯—凉坯—入窑—看火—上水—出窑—打稿—雕刻—拼排		韩永胜
7	砖雕（固原砖雕）	固原砖雕作为民间传统艺术，具有较浓厚的地方文化特色。工艺过程包括选土、过筛、和泥、制坯、烧制、打磨、雕刻等。创作手法分为"捏活"和"刻活"两种。"捏活"是先用配制加工好的泥巴，以手和模具制成龙、凤、狮、鸟、花等图案的坯子，然后入窑焙烧成成品。"刻活"是在已烧成的青砖上，用刀、凿等工具雕刻出各种单幅图案，再拼凑成各种画幅		卜文俊 马风章

序号	名称	主要内容	主要作品	传承人
8	潮州木雕（广东省潮州市）	潮州木雕分布在广东东部的潮州、汕头、揭阳等县市及闽南一带，主要用作建筑、家具、礼仪性器物的装饰，形式大体分沉雕、浮雕、通雕与圆雕四种，多以樟木为材质。装饰形式有黑漆装金、五彩装金、本色素雕。揭阳木雕通常饰以金漆或彩绘。题材广泛，多表现花鸟虫鱼及人们喜闻乐道的历史传说、戏曲故事等，雕刻形式以通雕最为见长。揭阳木雕一般采取柔性造型方式，运用感性、动态的线和面，以弧线、曲线及由其产生的抛面、曲面组成造型，揭阳木雕也称"金漆木雕"。制作时先起草稿，然后在樟木或杉木上凿粗坯，然后精雕细刻，再进行磨光，髹漆贴金的工序为制漆—滤漆—填料—上漆—干固—贴金	潮州己略黄公祠《双凤朝牡丹》《大观园庆元宵》《清明上河图》《十三狮》《郑成功收复台湾》《百鸟朝凤》《龙虾蟹篓》《法界源流图》《半畔花篮》	辜柳希 陈培臣 李得浓
9	潮州木雕（广东省揭阳市）			
10	潮州木雕（广东省汕头市）			
11	宁波朱金漆木雕	宁波朱金木雕以樟木、椴木、银杏等木材为对象，经过浮雕、圆雕、透雕后，再上漆贴金，并运用砂金、碾银、开金等工艺手段，制成造型古朴生动、金彩相间的器物，热烈红火。朱金木雕的人物题材多取自戏曲京剧人物，构图立体饱满。其主要装饰手法是贴金箔和漆朱红，讲究漆工的修磨、刮填、上彩、贴金、描花。工艺流程可概括为：木材取料—打坯—修光—打磨—补灰—操生漆—第二次打磨—操第二遍生漆—第三次打磨—配朱—上朱—行金底—剪金箔—贴金—扫金—拨朱—上泥银—上彩	万工轿、秦氏支祠戏台、"群仙祝寿图"大地屏	陈盖洪
12	东阳木雕	从形式上看东阳木雕有浮雕、叠雕、透空双面雕等多种形式。充分利用材料自身纹理，讲究刀工技法，不上色不上漆，或只上浅色，被称为"白木雕"。选料严格，工艺类型有无画雕刻与图稿设计雕刻两类	卢宅"肃雍堂"和白坦"务本堂"、马上桥"一经堂"等明清古建筑及"千工床""十里红妆"等家具。陆光正《白蛇传的故事》，蒋宝良《雍正十二月令圆明园行乐图》，冯文土《西双版纳的春天》《杨八姐游春》《刘三姐》等	黄小明 冯文土 陆光正 吴初伟

序号	名称	主要内容	主要作品	传承人
13	石雕（安岳石刻）	安岳石刻是四川省安岳地区流传的一种传统雕刻艺术，以摩崖造像闻名遐迩。工艺涉及沉雕、圆雕、浮雕、影雕四大类，数百个品种。工艺大致分为选料布局、打坯成型、拉刺定型、精刻修光、磨光上蜡等工序		石永恩
14	石雕（嘉祥石雕）	嘉祥石雕是山东省嘉祥地区流传的一种传统雕刻艺术，包括圆雕、浮雕、透雕、线雕、平雕、影雕等样式。以当地出产的天青石为主要原料，雕刻作品类型多样。嘉祥之名因麒麟而来，作品中麒麟占有很大比重。制作工序可概括为开荒—打细—打磨		梁秉公 杜运标 徐昭敬
15	石雕（富平石刻）	富平墨玉资源丰富，抛光后黝黑如墨，是雕刻的上乘原料。主要有以下工序。（1）采料：运用传统工具，掏山为洞，顺纹路撬取。（2）取坯：多取为方锭、方形或长方形条块。（3）刻制：基本有线雕、浮雕和圆雕三类。线雕有打磨料面、过稿或绘制、初雕、细琢、抛光五道工序；浮雕有底坯制作、将轮廓图拓于坯上、初雕、去荒料、镂空、细琢、抛光七道工序；圆雕有以方取圆、去荒料、初雕、细琢、抛光五道工序。基本刀法有单刀法、双刀法、"丝"毛法、"扬"刀法		杨建明
16	石雕（绥德石雕）	绥德石雕技艺是群体师传技艺。工匠面对石材，首先要相石，即看石头的体态、纹路宜于雕刻什么，在心中形成图像，而后打荒、粗雕、细刻、打磨等，錾随手动雕刻而成		鲍武文
17	木雕（莆田木雕）	莆田木雕以立体圆雕、精微细雕、三重透雕等传统工艺闻名于世。因材料不同，龙眼木雕、黄杨木雕、檀香木雕、红木木雕均显出各自的风格特征。工艺程序可概括为选材相木—勾轮廓线—打坯（斧头坯、凿大坯、凿中坯、凿细坯）—修光—磨光—表面装饰—配底座、锦盒	佘国平《神游》、黄杨木雕《海螺姑娘》，方文桃龙眼木雕《霸王别姬》《钟馗》《卧薪尝胆》等	佘国平 方文桃

序号	名称	主要内容	主要作品	传承人
18	木雕（剑川木雕）	剑川木雕在民间建筑和宗教建筑木雕的基础上，通过各代木雕艺人不断探索已发展成嵌石木雕家具、工艺挂屏和座屏系列、格子门系列、古建筑及室内装饰装修、旅游工艺品小件、现代家具六个门类260多个花色品种。雕刻图案吸收中原特长又融入白族民间图腾崇拜和民间风俗崇尚等内容，形成鲜明的地方特色。剑川木雕中的榫卯大量使用斜榫、燕尾榫、十字榫，基本不用直榫。木雕艺人以镂空层数多且细为能，最多的达五层镂空雕刻	云南博物馆藏宋代木雕佛屏、剑川西门街明代古建筑群木雕构件、现代大型木雕壁画《宋代大理国张胜温画卷》、昆明西山华亭寺《"西游记"故事图案木雕格子门》等	段四兴
19	木雕（东固传统造像）	东固传统造像技艺主要由造像和开光两个部分组成：神像造像可分为准备阶段（选材、伐材、蒸材、祭祀）和雕刻阶段（定像、构图、开粗坯、开中坯、修嫩坯、开面、粗磨、刮灰、细磨、牛胶水封底上色、上桐油、贴金箔）。开光仪式由丹青先生负责主持		刘节明
20	砖塑（鄄城砖塑）	鄄城砖塑历时悠久，保持了传统的民间捏塑和土陶工艺特色，以正房前出厦山墙墙垛上的戏曲砖塑和山墙上端的花鸟动物砖塑为主，也兼及房顶上的五脊六兽。工艺流程为蹚泥—打泥板—雕塑—烧制，全部采用手工操作，使用工具简单，主要有木尺、麻刷、切刀、挖刀、木刀		谢学运
21	灰塑	灰塑俗称"灰批"，以石灰为主要材料，具有耐酸、耐碱、耐温的优点，适合广州一带的湿热气候，灰塑材料制作包括制作草根灰、纸筋灰、色灰，灰塑不需烧制，可现场施工。灰塑主要用于门额窗框、山墙顶端、屋檐瓦脊和亭台牌坊的装饰，题材丰富，造型生动，色彩艳丽，呈现出鲜明的岭南地域特色。制作流程为测量、设计—扎制骨架—批底、包灰—定型、修型—着色。灰塑的形式有半浮雕、浅雕、高浮雕、圆雕和通雕。工具如大、中、小灰匙，笔、桶、刷、刀、铲、锄头和打浆机等。匠人操作时会根据地理状况和实际需要在塑造的景物或图案间巧妙留出装饰性的通风孔，以减轻台风对脊饰的冲击	陈家祠灰塑、番禺沙湾宝墨园影壁《清明上河图》顶墙上的花鸟虫鱼灰塑	邵成村

序号	名称	主要内容	主要作品	传承人
22	镶嵌（嵌瓷）	嵌瓷又名"聚饶""粘饶""扣饶"，是流行于广东省潮汕地区的一种民间建筑装饰艺术。		卢芝高 何翔云 陈宏贤 许少雄
23	镶嵌（嵌瓷）	它以绘画、雕塑为基础，用专门烧制的彩釉瓷片粘嵌出人物、花卉和飞禽走兽等艺术造型，对庙宇和建筑物的屋顶、墙壁等部分进行装饰，		
24	镶嵌（潮州嵌瓷）	多采用半浮雕或圆雕样式。大寮嵌瓷和普宁嵌瓷是潮汕嵌瓷的突出代表，嵌瓷制作工作主要有平嵌、浮嵌、立体嵌三种技法		
25	建筑彩绘（白族民居彩绘）	白族彩绘色彩以黑、白、灰为主。制作工艺讲究颜料的打底工序，一般木结构上多用猪血、桐油和石灰做成坯料披灰打底。泥结构则通常是先选用发好的纯质石灰膏，将白棉纸一张张地掇在灰膏里，制成"纸筋灰"。雕画结合是白族建筑艺术的一大特色，白族民居多在大门、屋檐部制作丰富的木雕装饰，彩绘与这些木雕作品有机结合，统一协调。大理镇和喜洲镇是整个大理民居彩绘的精粹，喜洲白族民居尤其重视照壁和门楼的彩绘		李云义
26	建筑彩绘（陕北匠艺丹青）	陕北匠艺丹青集中于民众窑居内、城镇公共景观建筑，以及乡村大小庙宇里，分布普遍，与群众生活各方面关联，形式多样，是当地民众生活的有机组成部分。陕北匠艺丹青借助多种材料，形式如壁画、建筑彩画、水陆画、炕围画等		李生斌
27	建筑彩绘（炕围画）	襄垣炕围画集诗、书、画、印于一体，构成一种"全套型"组合式的民间艺术形式。炕围画按使用场合不同也有不同的图案选择和精细程度。全套型炕画分中心炕围（边道、花边、池子、内心）、靠背、条屏和地围四大部分。可分为选料、泥墙、裱糊、刷底、雷平打腻、托花拓样、绘制着色、刮胶矾水、上漆等工序。材料如矿物颜料洋兰、毛绿、诸石、西丹等；植物颜料有品黄、大红、桃红，现代通用广告色；油料有桐油、土漆、清油；纸张有白麻纸、火棉纸、宣纸等；其他材料有白土、水胶、白矾等。工具如草刷、擂石、栓（上土漆专用）、各种板笔、毛笔、粉线、曲尺、直尺、软尺、专用裁刀、香头、柳碳条等		郝炎明 申年富 尹土生 李凤鸣

序号	名称	主要内容	主要作品	传承人
28	建筑彩绘（传统地仗彩画）	东北古建筑地仗（油饰）、彩画技艺是对建筑承重的主要木构件进行加固、防腐处理，稳定坚固整体建筑的一种技艺。地仗（油饰）技艺采用自熬的桐油、麻、白面、血料等多种材料在木构表面披麻、搂灰，有近三十道工序。依据光照调整施工时间，伏天不施工，使用耐紫外线的银朱与自制的桐光油等调配后进行涂刷油饰	新立屯北僧棚庙、洮南县慈云寺、沈阳故宫、铁岭龙首山醉翁亭与慈清寺、内蒙古赤峰巴林右旗荟福寺后大殿复原、内蒙古赤峰乌丹梵宗寺前大殿复原、内蒙古赤峰克什克腾旗庆宁寺后大殿复原等彩画工程	
29	清徐彩门楼	清徐彩门楼是一门集民间古建筑技艺、民间美术、民间手工技艺于一体的综合艺术。按搭制的材料，可分为柏叶门楼、柏叶彩门楼、扭彩彩门楼、彩绘彩门楼、喷绘彩门楼五种，它们的骨架制作基本相同，所不同的是装饰材料和工艺：柏叶门楼是清徐县彩门楼的前身，问世较早，彩装简单，用料单纯。柏叶彩门楼是在柏叶门楼基础上，在较明显部位用五色彩布进行装饰。扭彩彩门楼华丽典雅，工艺精美，装饰方法分扭彩与装彩两种。彩绘彩门楼是在扭彩彩门楼基础上改进发展的，装饰方法分为彩装与彩绘		刘半成 冯树东

附录 E 非物质文化遗产政策法规与相关文件（国家）

序号	文件名称
1	中华人民共和国非物质文化遗产法（中华人民共和国主席令第四十二号）
2	"十四五"文化发展规划
3	国务院办公厅关于同意调整完善非物质文化遗产保护工作部际联席会议制度的函（国办函〔2022〕13 号）
4	关于进一步加强非物质文化遗产保护工作的意见（2021）
5	国务院关于公布第五批国家级非物质文化遗产代表性项目名录的通知（国发〔2021〕8 号）
6	国务院办公厅关于转发文化部等部门中国传统工艺振兴计划的通知（国办发〔2017〕25 号）
7	关于实施中华优秀传统文化传承发展工程的意见（2017）
8	国务院关于同意设立"文化和自然遗产日"的批复（国函〔2016〕162 号）
9	国务院关于公布第四批国家级非物质文化遗产代表性项目名录的通知（国发〔2014〕59 号）
10	国务院关于公布第三批国家级非物质文化遗产名录的通知（国发〔2011〕14 号）
11	国务院关于公布第二批国家级非物质文化遗产名录和第一批国家级非物质文化遗产扩展项目名录的通知（国发〔2008〕19 号）
12	国务院关于公布第一批国家级非物质文化遗产名录的通知（国发〔2006〕18 号）
13	国务院关于加强文化遗产保护的通知（国发〔2005〕42 号）
14	国务院办公厅关于加强我国非物质文化遗产保护工作的意见（国办发〔2005〕18 号）
15	全国人大常委会关于批准《保护非物质文化遗产公约》的决定（2004）

附录 F 非物质文化遗产政策法规与相关文件（部级）

序号	文件名称
1	文化和旅游部关于印发《文化和旅游标准化工作管理办法》的通知（文旅科教发〔2023〕28 号）
2	文化和旅游部关于推动非物质文化遗产与旅游深度融合发展的通知（文旅非遗发〔2023〕21 号）
3	商务部等 5 部门印发《中华老字号示范创建管理办法》（商流通规发〔2023〕6 号）
4	文化和旅游部 人力资源社会保障部 国家乡村振兴局公布 2022 年"非遗工坊典型案例"（文旅非遗发〔2023〕12 号）
5	文化和旅游部关于公布国家级文化生态保护区名单的公告（文旅非遗发〔2023〕10 号）
6	文化和旅游部办公厅关于开展国家级非物质文化遗产生产性保护示范基地推荐工作的通知（2022）
7	文化和旅游部办公厅关于开展中国非物质文化遗产传承人研修培训计划 2021—2022 年度绩效考核的通知（2022）
8	文化和旅游部办公厅关于开展国家级非物质文化遗产代表性项目保护单位履职尽责情况评估和调整工作的通知（办非遗发〔2022〕123 号）
9	文化和旅游部 教育部 科技部 工业和信息化部 国家民委 财政部 人力资源社会保障部 商务部 国家知识产权局 国家乡村振兴局关于推动传统工艺高质量传承发展的通知（文旅非遗发〔2022〕72 号）
10	文化和旅游部办公厅关于开展中央和国家机关直属单位国家级非物质文化遗产代表性传承人推荐申报工作的通知（办非遗函〔2022〕119 号）
11	文化和旅游部办公厅关于开展第六批国家级非物质文化遗产代表性传承人推荐申报工作的通知（办非遗发〔2022〕85 号）
12	文化和旅游部 教育部 自然资源部 农业农村部 国家乡村振兴局 国家开发银行关于推动文化产业赋能乡村振兴的意见（文旅产业发〔2022〕33 号）
13	文化和旅游部办公厅 教育部办公厅 国家文物局办公室关于利用文化和旅游资源、文物资源提升青少年精神素养的通知（办公共发〔2022〕29 号）
14	财政部 文化和旅游部关于印发《国家非物质文化遗产保护资金管理办法》的通知（财教〔2021〕314 号）
15	文化和旅游部办公厅 人力资源社会保障部办公厅 国家乡村振兴局综合司关于持续推动非遗工坊建设助力乡村振兴的通知（办非遗发〔2021〕221 号）
16	文化和旅游部 教育部 人力资源社会保障部关于印发《中国非物质文化遗产传承人研修培训计划实施方案（2021—2025）》的通知（文旅非遗发〔2021〕105 号）

序号	文件名称
17	文化和旅游部办公厅关于公布第五批国家级非物质文化遗产代表性项目保护单位的通知（办非遗发〔2021〕174 号）
18	文化和旅游部关于印发《"十四五"非物质文化遗产保护规划》的通知（文旅非遗发〔2021〕61 号）
19	文化和旅游部关于印发《"十四五"文化和旅游发展规划》的通知（文旅政法发〔2021〕40 号）
20	文化和旅游部办公厅 国务院扶贫办综合司关于推进非遗扶贫就业工坊建设的通知（办非遗发〔2019〕166 号）
21	文化和旅游部关于公布国家级文化生态保护区名单的通知（文旅非遗发〔2019〕147 号）
22	国家级非物质文化遗产代表性传承人认定与管理办法（中华人民共和国文化和旅游部令第 3 号）
23	文化和旅游部办公厅关于公布国家级非物质文化遗产代表性项目保护单位名单的通知（办非遗发〔2019〕150 号）
24	文化和旅游部关于印发《曲艺传承发展计划》的通知（文旅非遗发〔2019〕92 号）
25	文化和旅游部关于推荐申报第五批国家级非物质文化遗产代表性项目的通知（文旅非遗发〔2019〕81 号）
26	文化和旅游部办公厅关于贯彻落实《国家级文化生态保护区管理办法》的通知（办非遗发〔2019〕47 号）
27	国家级文化生态保护区管理办法（中华人民共和国文化和旅游部令第 1 号）
28	文化和旅游部办公厅 国务院扶贫办综合司关于支持设立非遗扶贫就业工坊的通知（办非遗发〔2018〕46 号）
29	文化和旅游部办公厅关于大力振兴贫困地区传统工艺助力精准扶贫的通知（办非遗发〔2018〕40 号）
30	文化和旅游部 工业和信息化部关于发布第一批国家传统工艺振兴目录的通知（文旅非遗发〔2018〕12 号）
31	文化和旅游部关于公布第五批国家级非物质文化遗产代表性项目代表性传承人的通知（文旅非遗发〔2018〕8 号）
32	文化和旅游部 办公厅关于公布 2018 年度中国非遗传承人群研培计划参与院校名单的通知（办非遗函〔2018〕39 号）
33	文化部办公厅关于公布 2017 年度参与中国非物质文化遗产传承人群研培计划高校名单的通知（办非遗发〔2017〕4 号）

序号	文件名称
34	文化部关于印发《中国非物质文化遗产传承人群研修研习培训计划（2017）》的通知（文非遗发〔2017〕2 号）
35	文化部办公厅关于开展第五批国家级非物质文化遗产代表性项目代表性传承人申报工作的通知（2015）
36	文化部关于公布第二批国家级非物质文化遗产生产性保护示范基地名单的通知（文非遗发〔2014〕20 号）
37	文化部关于推荐申报第四批国家级非物质文化遗产代表性项目有关事项的通知（文非遗函〔2013〕1414 号）
38	文化部关于公布第四批国家级非物质文化遗产项目代表性传承人的通知（文非遗发〔2012〕51 号）
39	国家非物质文化遗产保护专项资金管理办法（财教〔2012〕45 号）
40	文化部关于加强非物质文化遗产生产性保护的指导意见（文非遗发〔2012〕4 号）
41	文化部关于公布第一批国家级非物质文化遗产生产性保护示范基地名单的通知（文非遗发〔2011〕48 号）
42	文化部办公厅关于推荐第四批国家级非物质文化遗产项目代表性传承人的通知（2011）
43	文化部办公厅关于开展国家级非物质文化遗产生产性保护示范基地建设的通知（办非遗函〔2010〕499 号）
44	文化部关于加强国家级文化生态保护区建设的指导意见（文非遗发〔2010〕7 号）
45	文化部关于申报第三批国家级非物质文化遗产名录项目有关事项的通知（文非遗发〔2009〕24 号）
46	文化部关于公布第三批国家级非物质文化遗产项目代表性传承人的通知（文非遗发〔2009〕6 号）
47	文化部办公厅关于推荐第三批国家级非物质文化遗产项目代表性传承人的通知（办社图函〔2008〕367 号）
48	文化部 国家级非物质文化遗产项目代表性传承人认定与管理暂行办法（中华人民共和国文化部令第 45 号）
49	文化部关于公布第二批国家级非物质文化遗产项目代表性传承人的通知（文社图发〔2008〕1 号）
50	文化部办公厅关于建立第二批国家级非物质文化遗产项目代表性传承人 评审委员会的通知（办社图函〔2007〕468 号）

序号	文件名称
51	文化部办公厅关于建立第二批国家级非物质文化遗产名录评审委员会的通知（办社图函〔2007〕460 号）
52	文化部办公厅关于申报"人类非物质文化遗产代表作"预备名单项目的通知（办社图函〔2007〕369 号）
53	文化部办公厅关于印发中国非物质文化遗产标识管理办法的通知（办社图发〔2007〕14 号）
54	文化部关于颁发"文化遗产日奖"的决定（文社图发〔2007〕23 号）
55	文化部关于公布第一批国家级非物质文化遗产项目代表性传承人的通知（文社图发〔2007〕21 号）
56	商务部 文化部关于加强老字号非物质文化遗产保护工作的通知（商改发〔2007〕45 号）
57	文化部关于 2007 年"文化遗产日"期间组织开展非物质文化遗产系列活动的通知（文社图发〔2007〕9 号）
58	文化部关于申报第二批国家级非物质文化遗产名录项目有关事项的通知（文社图发〔2007〕4 号）
59	文化部 国家级非物质文化遗产保护与管理暂行办法（中华人民共和国文化部令第 39 号）
60	文化部办公厅关于成立国家非物质文化遗产保护工作专家委员会的通知（办社图函〔2006〕355 号）
61	文化部、国家发展改革委、教育部、国家民委、财政部、建设部、国家旅游局、国家宗教事务局、国家文物局关于组织开展我国第一个"文化遗产日"活动的通知
62	文化部办公厅关于成立国家非物质文化遗产名录评审委员会的通知（办社图函〔2005〕363 号）
63	文化部关于申报第一批国家级非物质文化遗产代表作的通知（文社图发〔2005〕17 号）
64	文化部办公厅关于开展非物质文化遗产普查工作的通知（办社图函〔2005〕21 号）
65	文化部、财政部联合发出关于实施中国民族民间文化保护工程的通知（文社图发〔2004〕11 号）